U0565162

La mente inquieta
Saggio sull'Umanesimo

思想涌动
人文主义的哲学思考

Massimo Cacciari

〔意〕马西莫·卡恰里 著

张羽扬　张谊 译

上海三联书店

前言

　　1976年，我刚刚出版了《危机》（*Krisis*）且有幸拜读欧金尼奥·加林同年出版的《复兴与革命》（*Rinascite e rivoluzioni*）。这本书让我想到，十九、二十世纪之交那些关于科学、哲学和艺术领域变革的研究，它们与加林所探寻的"公民人文主义"之间会发生什么奇妙的思想碰撞呢？《复兴与革命》呈现了一幅人文主义轴心时代下暗流涌动的别样图景：这一时期，推翻旧秩序、建立新秩序的意识开始觉醒，同时新秩序又在记忆与不祥的预兆中、在无情的怀疑与无畏的变革中剧烈摇摆。书中包含的思想与学院派的理念、老学究的思考、空洞的形式主义完全相背，与我曾研究过且一度热衷的当代作家的伪哲学思辨也截然不同；甚至连"消除固化思想、展开新试验"这种比我提到的"消极思维"更为激进的理念，在书中也有所印证。这一时代虽然矛盾重重，却充满了化解问题的能量。从那时起，我与这个时代的共振，便一直陪伴着我，伴我研究这一时代最伟大的作家：莱昂·巴蒂斯塔·阿尔伯蒂、洛伦佐·瓦拉、乔瓦尼·皮科·德拉·米兰多拉。我相信，在我所有的作品中，我多年来研究的成果都有迹可循，且在这本书中以更完整、更具说服力的方式得到体现，它是我对拉斐尔·埃布吉所编选集《意大利人文主义者》（*Umanisti italiani*）导言部分的扩充、修订和再版。我相信它能说明一点：其实意大利的思想及其辉煌的历史，并不像市场上流传的、意大利的理论书籍所描绘得那么"现代"，而比他们描述得要深邃、复杂得多。

马西莫·卡恰里

目　录

第一章

德国新人文主义
还是文艺复兴人文主义？

以欧金尼奥·加林和切萨雷·瓦索利为代表的学派以严谨的方式，从各个角度对人文主义及其作者，对人文主义深层的发展动力、盘根错节的联系展开研究，并且取得了卓越的成果。遗憾的是，它仍未战胜当代哲学批评中的保守态度、怀疑和误解，在面对公开批判时也无法辩驳。这当然也是因为即使是伟大的哲学史学，在过去也曾面临人文主义问题，而哲学史中，人文主义最终总会沦为作者用于表明自身立场的理论，换句话说，是其理论体系成熟的必要条件。这种"目的论"观点在乔瓦尼·秦梯利[1]的关键研究——这些研究将这种观点解释为对唯心主义内在论[2]的推崇——中占据了主导地位，同时在卡西尔的研究中也有所体现［特别是卡西尔在《现代哲学史》(*Storia della filosofia moderna*) 1906 版第一册中所阐述的观点[3]］。在卡西尔的人文主义研究中，库萨的尼古拉占据了主导地位，其他任何一种立场都以他的思想为标杆：他的思考并未局限于直觉确定性，即灵魂被赋予了无限知识的可能性，而是通过贯穿整部作品的数学符号，表明了这种确定性在"精准科学和系统哲学主导的时代"[4]中注定要承担"准确表达"的使命。但是，倘若将这一时期的哲学等同于库萨的尼古拉的哲学，那么其他哲学大家的思想就会受到质疑：比如皮科所阐述的"真正的'人文主义'并非由语文学，而是通过哲学来定义"[5]这一观点，尽管他的数学概念带有"魔法"色彩，并且我们仍未理解他的思想中某些组成部分之间的联系。讲到这里，我们又能否把他算作哲学家，并将其"纳入哲学的精神进化之中"[6]呢？

菲奇诺认为这种怀疑毫无意义：他提出，信仰与科学（哲学）的区别应该以一种非常明确的方式展现出来，但是他并未找到任何解决这一问题的捷径。因此，在我们看来，他的柏拉图主义只是一种"夸夸其谈的哲学观"[7]，并非哲学。同时，许多举足轻重的人文主义文化史学家也普遍认为他的理论非常"空泛"，只需引用克里斯特勒的话便足以说明：人文主义者的大多数作品"即使在最模糊宽泛的意义上也与哲学相去甚远"[8]。即便恩斯特·罗伯特·库尔提乌斯的作品《欧洲文学与拉丁中世纪》（*Letteratura europea e medioevo latino*，1948）为人文主义提供了不可或缺的谱系，它的理论依据也全部属于语法、修辞学、历史和诗歌等传统研究，毫无哲学的痕迹。而伯克哈特则确立了最基本的研究趋势，即仅在艺术独有的符号体系里，从艺术复兴的角度研究人文主义，正如乔治·瓦萨里那样把人文主义当作"对美的信仰"。用布尔达赫的话来说，这种研究趋势为个人的诗性表达提供了一种塑形的、具有创造性的、基础性的力量。[9]

但是，如果没有潜在的艺术哲学，能够产生这种伟大的艺术吗？人类创造中的诗学概念能脱离哲学人类学，甚至与它划清界限吗？开篇中所阐述的人文主义研究又具有怎样的价值呢？它仅仅是拓宽历史视野、获取新知识和新阐释方法的有效工具吗？它的存在仅仅是为了培养"长于雄辩之士"吗？人文主义研究又是否忽略了昆体良观点的完整性：演说家不仅要"能言巧辩"，更要展现以雄辩术带领人们走向文明的能力？从萨卢塔蒂到帕尔米耶里，再到莱昂·巴蒂斯塔·阿尔伯蒂的《论政治》（*De iciarchia*），这些人文主义者都将亚里士多德的"政治"（politikos）理解为"公民"（vir civilis），这种带有政治色彩的表述强调公民的智慧、具有共和倾向（乔托钟楼嵌板上皮萨诺绘制的那个拿着长剑和盾牌的人，就是共和的隐喻），从意大利中世纪城邦国所宣扬的"西塞罗主义"到维科的观点里，都有所体现。[10]在上文提到的诸问题之外，我们又要如何处理语文学和哲学之间的联系呢？避之不谈，或是低估这一问题的价值，都是在试图抹杀人文主义语文学。这恰恰是十九、二十世纪一些声名显赫的古典语文学大师最易犯的错误。"十五世纪，没有人不沉湎于享乐生活，没有人不沉浸在纸醉金迷的世界"，但在语文学历史上，这一时代的学者不过是"古代作家的发掘者、古代作品的传播者"，人文主义者"根本不是语文学家"，不过是"文人、宣传者和传授者"[11]。或许，只有瓦拉是个例外。许多当代哲学家只想在人文主义研究中找到自己哲学的出发点，维拉莫维茨学派的学者也是如此，他们只把人文主义当作服务于自己语文学研究的"工具"。当代哲学家似乎不明白，人文主义哲学的独特性恰恰在于语文学研究，在于语文学的价值和意义（秦梯利也通过诠释学论证，得到相同的结论）；维拉莫维茨学派的人不理解为何哲学自觉且自发地热爱、研究"逻各斯"（逻辑），更不理解逻各斯的复杂内蕴，而这种内蕴正是那个时代人文主义学者的灵感来源。

语文学家对于哲学的不理解，导致当代哲学在阐释人文主义思想时陷入困境。从奥古斯特·伯克[12]到维拉莫维茨的学生与继承者，凭借着他们极具影响力的研究，以及德国威廉二世时代主宰下的文化、思想及政治背景，德国新人文主义势必要将其观点和价值加于文艺复兴人文主义之上。德国新人文主义以失败告终，对这场思想运动的批判也一直没能摆脱文艺复兴人文主义思想批评的桎梏。世纪之交的德国，正处于一场"文化之战"中。在这场运动里，基于影响广泛的德国语文学，德国新人文主义在"文明"（Zivilisation）和"文化"（Kultur）[13]的斗争中起到了关键作用。如果想充分了解威廉二世统治时期德国的大形势，包括政治形势，就不能忽视教育在当时应当承担的使命。像维拉莫维茨这样博学多识的人物，常常会将严格的历史主义方法与以意志为中心的目的论结合在一起（他以叔本华的思想为基础，后来又将其推翻），并期许以此找到一种生活方式。这种生活方式与大都市的紧迫生活相对立，也完全不同于人类文明中的个人主义和相对主义，又能够在当代创造性地赋予古典教化（paideia）新的意义。这种教化从不同的甚至相互矛盾的素材中汲取灵感：如歌德的《意大利游记》（*Viaggio in Italia*）、席勒、浪漫派（Romantik）、柏林大学的传奇创始人卡尔·威廉·冯·洪堡[14]的思想等；并且，这种教化依然深深植根于古希腊文明（洪堡将古希腊视作"文明源头"）。希腊思想中的"逻各斯"因此成为新人文主义教化（Bildung）的规范性理念。我们只能通过对"人文"

的研究和热爱了解"人文"的全部内涵，借助语文学和历史研究方法，科学地进行教育和传播。"人文"学科存在的目的不单单是培养学者或成为一种职业，无论这项职业多么光鲜。相反，它应当像"宗教服务"一样面向整个社会，而不仅仅针对有学问的人。在当下的精神危机中，学者有责任让人们明白，复兴希腊文化是保护自身文明的唯一途径。维拉莫维茨表示："希腊的柏拉图、德国的歌德、宗教文化中的圣保罗，会在教化中锤炼年轻人的思想，使他们对当下的某些病态观念免疫。"[15] 因此，在欧洲文明的危机下，将古典文化作为思想基础，其重要性不言而喻，它已然成了一种"精神必需品"[16]。1933 年 10 月，维尔纳·耶格尔出版了第一版《教化：希腊人的塑造》(*Paideia. La formazione dell'uomo greco*)。在这部重要作品中，耶格尔指出，精神危机的阴霾早已笼罩德国，甚至整个欧洲，悲剧已不可逆转，但新人文主义教化的萌生与发展，仍可为这悲剧时代带来一丝光芒。[17] 尽管耶格尔反对生机论与非理性主义的所有观点，并因此与德国诗坛格奥尔格圈（George-Kreis）[18] 对"语文学"的定义争论不休，但他已通过自身研究体系的严密性与科学性证实了其有能力实现更为完整的研究，成为古典文化的集大成者，也能够作为典范参与到个人乃至整个社会群体的教化或塑造（Formung）中，并为其提供思想指导。这里所说的"古典文化"所面临的问题，与有机"共同体"（Gemeinschaft）的形成曾经面临的问题大同小异，与同时期"社会"（Gesellschaft）抽象、无形的特征恰恰相反。然而，战火绵延，共和国灭亡，古典主义理想也随之夭折：作为其存在前提的社会道德体系的瓦解和希腊中心主义与强势的"哥特式"神话之间难以逾越的鸿沟（这是意大利古典语文学家帕斯夸利的描述）颠覆了德国新人文主义的原本含义，同时也凸显出其内在矛盾和哲学体系的局限性。其实，德国新人文主义的"命运"早已注定，它终究无法打破文艺复兴的历史人文主义的藩篱。

与此同时，从另一位只比维拉莫维茨年长几岁的"语文学家"尼采的作品中，我们已经能有预感——德国新人文主义试图重塑的"文明"理念终将分崩离析。人们的关注点聚焦于《悲剧的诞生》（*Nascita della tragedia*）所引起的巨大争议，而忽视了维拉莫维茨与尼采两人相似的教育背景，以及他们关于语文学的观点在深层内涵的相似性。维拉莫维茨并非纯粹的"古典主义"学者，在对古典文化进行诠释时，他也不仅仅局限于历史主义方法论。他所钟爱的"古希腊文化"，来源于歌德为克制维特*式的"悲情"而进行的斗争，来源于德国诗人荷尔德林的小说《许佩里翁》（Iperione）和早期理想主义中的希腊"乡土"情怀，同时也来源于伯克的语文学研究。伯克认为，要想理解"逻各斯"，必须学习古希腊语的"生词生字"，因为在伟大的艺术与哲学作品中不乏晦涩难懂的词汇。而语文学的内涵，需要通过表达其内涵的各种形式进行诠释。我们只需以维拉莫维茨的一部著作为例，便能更好地理解这一点。这部作品（1889）**是对古希腊作家欧里庇得斯所著《赫拉克勒斯》（Eracle）的评述，在文中，维拉莫维茨整合了文本批评、神话学、政治史、宗教史和文学史，希望以此反映文明的普遍性和整体性。他认为，如果科学研究不能遵循这一点，就会夸夸其谈，从而失去"认识"这一性质。新的认识在已知的认识里重生，那么，就需要在当下革新旧的认识，把它作为未来可能出现的"新的认识"展示于当下！[19]

或许尼采所说的"语文学家"，只是意图在当时宣扬古老的、与他们文化相去甚远的思想？事实似乎并非如此。尼采认为只有"寻回古典作品的灵魂，并重新唤醒它们"，语

---

* 歌德著作《少年维特的烦恼》中的主人公。——编者注
** 即《希腊悲剧导论》（Einleitung in die Attische Tragödie）。——编者注

文学的存在才有意义；他还补充道："古典作品的灵魂，只有与我们的灵魂相结合，方能存续，只有我们的血液能赋予它们新生。"[《人性的、太人性的》（*Umano troppo umano*），II，126]维拉莫维茨在他的晚年回忆录中重申："用我们的灵魂，用我们的心血（唤醒古典文化）。"他并没有意识到，自己同时引用了尼采和阿比·瓦尔堡的话。[20] 也只有这样，才有希望驾驭古典作品，而这正是维拉莫维茨研究古典文化的最终目标。研究的方法可能不尽相同，但目的却是一致的。维拉莫维茨认为尼采的研究并不属于语文学范畴，却又与尼采所阐释的语文学理念不谋而合。他们都把语文学的观点作为全面阐释的工具，都认为古代研究具有独特的"教育"意义。但他们最大的相似之处，在于重新复兴古典作品，使这些作品永葆生机的心愿（《人性的、太人性的》，II，408），以此对抗当代作品表现形式的匮乏，批判其评判标准，以及凸显当下语言表达颇失优雅与高贵的境况。当然，在瓦格纳主义（人们认为瓦格纳主义是刚刚兴起的，尚未成熟，而且维拉莫维茨从未对瓦格纳的观点表示赞许）之后，除了在《悲剧的诞生》中所表达的悲怆情感，尼采的语文学研究还表达了他对上述斗争的结果所预感到的失望。德国新人文主义时期的文化源于古希腊文明的余晖，而德国新人文主义又必须走向余晖，以便为尼采的"超人哲学"让路，即使仅限于理论层面。然而，我们需要明白的是，尽管新人文主义哲学和尼采的哲学之间有着不可弥合的差异，但都有着相同的语文学基础。虽然两者理解悲剧的方式截然相反，但对悲剧的"形式"却有着相同的认识：悲剧中隐含着古典文明的内涵和命运，在欧洲文明的危机时期，研究悲剧定能起到重要作用。德国新人文主义下的悲剧进一步融合了古典文明的教化思想，在这里，狄俄尼索斯守护下的城邦社会看似一片祥和，人们似乎将巨大的危险抛在脑后，并幻想战胜了它。是柏拉图[正如斯坦泽尔于 1928 年出版的《教育家柏拉图》(*Platone educatore*) 一书的标题，柏拉图的思想更具教育意义] 治愈了狄俄尼索斯每一处令人迷失的放纵。"颠覆"(katastrophé) 思想的核心、"怜悯"(eleos) 与"恐惧"(phobos) 之间的矛盾、莱辛此前已多次强调的这些词语自身的模糊性与不可译性，以及它们与思想之间因难以诠释而无法革新的困境，都是维拉莫维茨关于"正确的逻各斯"(orthos logos) 的研究中倾向去除的部分。[21] 古典主义语文学家自认为能精准地翻译这些概念，但与此相反，真正的尼采式"语文学"恰恰要求我们将这一复杂性视为悲剧的本质，而这种本质只有通过"悲剧哲学"才能理解。处于世纪之交的德国新人文主义却并未认识到，悲剧的本质与悲剧哲学的联系是语文学存在的基础。尼采哲学所展示的人的形象，并不具备悲剧性，因此也无法反映当下危机时代的悲剧性，最终只能在保守或反动的范围内无力地对抗时代的悲剧。

因此，有批评家从理想主义分析到欧洲危机，再结合尼采的思想，试图从这些层面分析德国"文化"运动失败的原因，并最终把矛头指向文艺复兴人文主义。基于文艺复兴人文主义，德国新人文主义更多了一层保守主义色彩，后者的本质是反悲剧的，并且以建立一个和谐统一的教化体系为核心与目标。文艺复兴人文主义与德国新人文主义或许只在部分层面上具有"一致性"，在某些方面，两者之间甚至大相径庭。和文艺复兴人文主义相比，德国新人文主义的一些作家用完全不同的方式表达哲学和语文学之间的关系，甚至都未曾直接提及，例如托马斯·曼的《一个不关心政治者的观察》（*Considerazioni di un impolitico*，在文中，文艺复兴时期的"唯美主义"受到谴责，"人文主义者"被视作"文明的文人"[22]）和海德格尔的《关于人文主义的信》（*Lettera sull'Umanismo*）[23]。海德格尔认为，文艺复兴人文主义的问题，也是同时代许多著名的语文学家所面临的棘手问题，所有人都反对尼采的主张，他们更关注如何"拯救"处于社会中心的"人"，这个能够按照自己的意愿改造世界，令其他存在为其服务的"主体"。更确切地说，受到一种与"人类终结"的结构主义理论相似的观点的影响，海德格尔认为文艺复兴人文主义和德国新人文主义都是服务于意志力量的语言概念，两者都宣扬一种"主义"，把"人的尊严"作为一种高贵的头衔，以此掌控其他存在，跨越自身存在的有限性和时间性。这种语文学并未提及语言是存在的守护者的本质，它仅仅把语言作为研究的一种手段、一种工具、一种模式。因此，语文学并不具备哲学的思辨性。有些学者对此观点持反对态度，他们否认文艺复兴人文主义的哲学价值（对语文学价值的研究也有限），但与此同时，也有些学者将批判的矛头转而指向当代德国新人文主义理论中"文化"（Kultur）的本质，否定"语言的哲学"（即海德格尔思想的精华与核心）。这些批判的实际价值有待历史的检验。本书的目的并不是为这一检验做出贡献，而是借助一些"研究"，致力于探讨关键作者和关键问题。

第二章

语言的问题

∞

　　文艺复兴人文主义作者都呼吁"革新"。"革新"包含不同方面的内容，其侧重点不断变化，但总会带有精神复兴、公民政治、宗教改革的色彩，也与语言问题密不可分。德国新人文主义颠覆了旧的研究体系，文言和修辞不仅仅为言语增光添彩，更能够令言语引人入胜，进而说服听众。"革新"的理念，应该与语言沟通交流的力量紧密融合。用本身能够表达这种理念的"词语"进行阐述，并使"复兴"在言语中得到具体的呈现。复兴，不是从历史长河里复兴一种已逝的文化（比如从未听说或被研究过的文化），而是唤醒"当下"。而稽古振今，是唤醒时代的唯一方法。无论是悲剧还是希冀，在这个时代都亟须用话语表达，而选用的话语应如古典主义著作中的一般，强大有力且影响深远。

　　文艺复兴人文主义时代，是一个危机四伏的时代，是一个充满灾难性事件的过渡时期[*]。[1]这个时代，各种思想

---

[*] 此处可参见耶罗尼米斯·博斯（Hieronymus Bosch）所作《干草车三联画》（*Trittico del Carro di fieno*），这幅画是博斯以其独特的艺术语言对这个世界进行的讽刺，借用宗教的谚语和故事描绘了人间百态。——编者注

的狂热相碰撞[2]，人们用"讽刺"作为调和狂热思绪的工具，用嘲笑与挖苦，将德谟克里特和赫拉克利特的哭与笑融为一体。因此，如果不想湮没于时代的洪流，就必须以逻各斯武装自己，只有通过逻各斯，才能理解这个纷乱的世界。（宏阔罗马帝国的倾颓，以及时代的悲剧性，在早期人文主义代表作品中，自彼特拉克时期起，就带有了一种近乎绝望的语气；我认为悲剧不仅仅是一种文学主题，更反映时代的一隅。）从何处才能汲取能量构建"逻各斯"？有学者用作品具体证明，理性与言辞相结合之下的语言可以达到这一目的。然而，那个时代仍不具有话语权，不具备面临动荡危局必不可少的"逻各斯"。构建"逻各斯"，需要我们将其内化，在更优秀的创作者笔下，在他们的技巧中，在词语深厚的词源历史中，构建我们自己的有效范例与模式。只有这样，我们才能更好地用自己的话语诉说过去。而逻各斯应从文本中找寻其最有"价值"的表达（这种"价值"首先需要逐渐增添政治伦理色彩，其次要越来越凸显人的精神上升的"神圣感"），文本是构建逻各斯不可缺少的根基，也是构建逻各斯的终极目的。因此，我们需要深入研究文本，不是过度依赖它，或让它沦为一种"迷信"，而是进一步讨论、阐释它。这些作为根基的文本，其魅力促使我们焕发出新的"表达张力"（比如文艺复兴人文主义常常提到的词源游戏，即"kalon"与"kaleo"的区分），能够反映当下，是想象与交流的能力产生的要素。语文学中包含着"革新"的因素，而"革新"是一个过程，是一项计划，是一种新的哲学。这种哲学新在它已经充分意识到，语言表达是传递思想的唯一途径。思想之所以有价值，是因为有人在孜孜不倦地、准确清晰地进行传达，通过语言获得形象，穿梭在语言的隐喻中，这也是其诗性实质所在。³

　　但丁在《论俗语》（De vulgari eloquentia）中，提出一种类似的语言哲学，这一"发现"远远超越了对各民族语言的一切积极评价。布尔达赫也在研究中提到但丁的这项研究，指出各民族语言能够拥有像文言（grammatica，这里指古典拉丁语）一样的规则体系。一个婴儿，在起初解语之时，是"没有受到任何系统训练的"（De vulgari, I, 1），这并不代表他的俗语（lingua matrice）在未来不能拥有长足的发展，摆脱"低下"的身份，并像拉丁语一样，也能成为优雅高贵的书面用语。俗语通常被认作低劣的语言，但它也是最早的基督教语言（难道它不能成为布道福音的语言吗？⁴），在影响力、形式和结构上，与古典拉丁语一样，是一般通用的交流媒介（甚至可以说，它和但丁的著作中所使用的拉丁语是一样的）。亟须解决的问题就是语言体系的问题，也就是俗语和文言之争。对这一问题的研究在文艺复兴人文主义中得到深化，又在达·芬奇的作品中更加强烈地显现。达·芬奇自称是"没有学问的人"*，但他却是但丁作品的忠实读者："在我的母语中有着丰富的词汇，我时常因为不知道如何选择而感到烦恼，从未因为词汇的匮乏而不能准确地表达我的思想。"[5]

任何语言都不应该被"神圣化"。拉丁语不应被神圣化，希伯来语也不应被神圣化。但丁《神曲·天堂篇》（*Paradiso*）第二十五首有亚当对语言的描述，而为了佐证上述观点，我们只需研究《论俗语》第一章第六节中的语言组织方式，便可大体了解为何不应将语言神圣化。《论俗语》中并未引用希伯来语（如果引用希伯来语，可能能够更好地表现亚当使用的"命名法"，但在《论俗语》中作者另辟蹊径，并未用这种方法）[6]，而是使用了一种人生来便熟知的语言，具有"先验"的能力。上帝给予人类的第一份礼物不是"某种语言"，而是说一切语言的能力。这种能力是上帝神谕传

---

*达·芬奇的身份为私生子，早年未曾接受过拉丁语的学习，因此主要说意大利语。后来，达·芬奇因需要对毕达哥拉斯等早期希腊罗马哲学家展开研究而开始学习希腊语和拉丁语。但是，由于年事已高，且本人性格拖拉等多种原因，他对这两门语言的掌握程度并不高，从他手稿中的大量拼写错误就可以看出。——译者注

达的途径，也是"逻各斯"最初的表现形式。具有内在神性的逻各斯，通过上帝的创造物拥有了源源不断的生机，并使这些被造物按照逻各斯学会说话。这样就可以理解人类发出的第一个声音，即第一个感叹词"El"（唉）的改变[在《神曲·天堂篇》中，这一音节简化成了"I"（*Commedia, Paradiso*, XXVI, vv. 133—134）]，实质上摒弃了传统上对希伯来语的援引，同时"I"这一音节也很可能用于表示喉咙最早能发出的声音。人一旦获得声音后，便立刻与上帝对话，这一情节也被记录于早期的有关言语行为的文本中。[7] 被视为"低劣的语言"的俗语，在但丁的笔下却是高贵的，因为俗语中也体现出相似的起源色彩，能够最终带来某种"变化"：这种变化并不只是上帝为了阻止人类建造巴别塔，而改变并区别开了人类的语言，也在于每一种语言的本质也变得像人一样"无法自救"（incurabilis）（*De vulgari*, I, 7）。但丁对语言的不稳定性与动态性，对语言的存在与说话的人之间不可分割的关系，对语言的历史与社会特性，有着充分的认识。他指出，没有任何一种语言是完美的。语言源于自然，却不完全是自然的存在，它是人类加工创造的产物，是强有力的表达工具。语言需要构建自己的系统，用自己的话语进行表达，进而形成以这个语言为母语的对应群体。为了使俗语最终变成"光辉的俗语",成为人类真正的"共同财富",需要付出艰辛的努力。首先,需要在众多粗语俗言中不断寻找,选择合适的语言。这一筛选并不考虑俗语本身的地位,所有俗语都是高贵的,而最高贵的,则是"光辉的俗语",它能在社会生活中起决定性作用,贯穿社会生活的方方面面,能在法庭帮助人们解决说服他人的难题。而想要实现这一点,必然需要文言,也就是古典拉丁语的帮助。尽管从文艺复兴人文主义的某些代表作品中,我们可以看到对古典拉丁语地位近乎夸张的强调〔比如在瓦拉所著《拉丁语的优雅》(*Elegantiae*)一书的导言中,他指出拉丁语"是从天而降的上帝……是神圣意志的体现"〕,但丁却没有对书面语言和文学语言盲目崇拜,他认为,要想将俗语锻造成强大的武器,必须学习借鉴古典拉丁语所提供的范式。尽管言语和语言一直处于演变的过程中,不断生成,不断瓦解,人们也绝不能因此而止步不前。每种民族语言都有内在的艺术潜质,都渴望自己的生命在成长中得到延续。在这一点上,拉丁语堪称典范,我们总在参照它,不仅仅因为它是凌驾于民族国家之上的语言,能够源源不断地提供给养,更因为它为俗语体系的发展提供了内在动力,为其具体实践提供了范例。同时,每一种语言都要学习拉丁语的表达方式，每一种艺术，无论是建筑、绘画还是雕塑，亦要如此。

语言就像一个有机体，能够反映一个时代的精神面貌。古典拉丁语无法表达但丁关于古罗马帝国、天主教会的衰败，意大利的城市危机，以及新的宗教秩序的思想。这些向往与苦痛都只能以俗语来诉说。但若是用一种非"光辉的俗语"来讲述当下的悲剧更是行不通的。但丁所寻找的并不是另一种拉丁语，而是一种能够体现当下生活经验的语言，能使这些时代的碎片生生不息地延续，不会失去其悲怆与痛苦的真切感受。维吉尔所使用的语言可以作为参考的范例，而他认为模仿和重复都是没有任何意义的，这又为这种语言的研究提供了新的方向。古典拉丁语和光辉的俗语，犹如两个无法分割的太阳，相互依存。没有文言，话语就会变得不连贯，从而使语义不明确，进而导致错误的理解。如果我们的言语不具有"某些共通特性"（*De vulgari*, I, 9），那么人们要如何对话才能彼此理解？如果精心构思的谈话只能用那些宫廷权贵、政府官员、法官和饱学之士所使用的拉丁语表达，而远非俗语，又会是怎样的境况？如果在一种文明中，俗语不能获得其应有的地位，它能被冠以"文明"之名吗？只有当俗语能够以古典拉丁语的方式进行自我构建，人们才能进行对话和交流。那么，又是谁创造了这种语言呢？如果说，上帝赋予人说话的能力（这种能力与自由紧密相关），那么正是这种与生俱来的能力形成了语言。但对话和交谈如同精巧的工艺，加工它的能工巧匠又是谁呢？是诗人，他们用手中的笔将俗语反复打磨，才最终得到"光辉的俗语"。诗人创造了诗歌语言，文言将它有条理地组织并进行诠释，才使它如此精妙绝伦，充盈着美学价值。我认为，从本体论层面来看，诗歌在某一语言群体的形成中，也就是在"公民"的形成中所起的作用是至关重要的。正如语言是上帝赠予人类的礼物，光辉的俗语的诗性构造也清楚地表明，人不是通过其所掌握的简单的方法，或是以其意志为转移的社会习俗进行交流的。语言能力的神圣价值（这种价值无法得到确证，也没有任何确切的定义），在其自身的诗性发展中得到彰显，只有通过诗性诠释，方能产生代表时代精神、诠释时代精神内涵的语言。语言发展过程中，需要根据不同情况、不同问题，不断进行自我更新，丰富自身语言文字体系。诗歌，不是语言的"意外"产物，而是语言形成过程中固有的存在，是语言结构不可或缺的成分。诗歌的高贵，在俗语的高贵中体现得淋漓尽致，也正是因为诗歌的存在，俗语才能得以延续，不断发展。

但丁就是这样的诗人，与经院哲学及其世界观完全不同，但丁的思想滋养了人文主义的根基[8]，肯定了人文主义是艺术的复兴这一内涵，以及人文主义中所涉及的拉丁语并不属于修辞学的范畴。菲奇诺赞颂作为诗人、哲学家、神学家的但丁，但诗性语言要借助它的哪些内在属性才能摆脱"被贬低"的困境呢？如何理解它的讽喻和隐喻特征在认知方面具有极大的重要性？它与歌德所说"象征"的直觉启示，又有怎样的内在联系？以隐喻和讽喻为特有手法的修辞与诗性语言，在骑士文学当中得到了广泛使用[9]，但在但丁之前，没有人用它们来表达神学与哲学思想，而是认为仅以诗歌的形式进行表达就足够了。学界经常将但丁的诗与其他作家的作品进行对比，如果我们也试着对比，就会发现上文提及的特征非常明显：比如阿兰·德·力勒的著名散文诗《完美的人》(*Anticlaudianus*)，与沙特尔学派及伯尔纳多·西尔韦斯特雷的《宇宙论》(*Cosmographia*)都有着密切的关系，《完美的人》继承了古希腊讽喻色彩寓言的恢宏传统，在马克罗比乌斯、马尔齐亚诺·卡佩拉的研究之上，对柏拉图的重要作品《蒂迈欧篇》(*Timeo*)做了进一步阐释。而这些对于柏拉图思想的研究在中世纪却完全销声匿迹[10]，直到文艺复兴，在光明与痛苦的交织中重获新生。从菲奇诺的柏拉图主义研究中，我们也可以明显看到讽喻的使用。而在但丁的叙述中，"智慧"宽厚仁慈地对"自然"施以援手，并从神的手中接管了新的人类灵魂，随即"智慧"与"理智"一同乘马车去往天堂的最顶层——净火天。马车由三学科*和四学科**制作而成，四个轮子分别代表感觉、想象、理性和理智。但到达恒星天后，马车便无法再前行，因为要想到达净火天，还需要"神学"这位少女的帮助：作为向导，她引领人类的灵魂通过沉思感受上帝的存在，进而亲眼见到上帝，而非镜中像。具有了通达上帝的能力后，人的灵魂最终回归"自然"，"自然"又将其与自己领域内的其他元素相联结。

毋庸置疑的是，即便是但丁的"非尤利西斯式疯狂的逃亡"，也必须在"彼岸"[11]旅途丰富多样的事件中展开，而正是在这样精妙的比照中，显示出但丁在《神曲》中所开创的前所未有的哲学与神学的讽喻。在阿兰·德·力勒的作品中，讽喻的思想或意义通过话语形式得到了准确表达。讽喻意义可以从字面意义理解，也可以从哲理或道德

---

* 指中世纪基础学科：语法、修辞、逻辑。——译者注

** 指中世纪高级学科：算术、几何、天文、音乐。——译者注

意义理解。但丁使人文主义开始转向诗性神学，同时也存在一些问题：人们是否可以通过隐喻和讽喻了解原本无法理解的概念？如何理解它们存在的必要性？阿兰·德·力勒认为讽喻只存在于口语中，在使用时，作者常常会脱离其约定俗成的含义体系，赋予其新的含义。然而，是否存在一种讽喻，不局限于口语或对话，同时又具有不可替代的哲学与神学价值？我们非常清楚神学是如何深入阐述这个问题的，尤其是人文主义作品中多次提及的像克莱门特和奥利金这样的教会圣师，他们认为只有把历史事实作为救赎的象征，才能领悟。历史是救恩历史（historia salutis），能够预知未来的景象（figurae futuri），也就是对"基督降临"（Christum venturum esse）的预知。先知和预言家的作品（以及预言诗人）需要一种精神智慧，这种智慧能够重述不仅构建了《圣经》，也打造了决定人类历史的核心世界的"基督降临"这一重大事件，并与之相联系。基督教是帮助人类理解整个历史的轴心，与它相关的历史事实，可以用以下四个关键词进行分类来概括：只能以讽喻的方式阐释的"先知的权威性"（prophetica auctoritas）；"使徒的价值"（apostolica dignitas）——亲眼看见且亲历了预言的内容；"注释者的智慧"（expositorum sagacitas），使徒的见证不仅仅是简单的陈述和评论，还要作为预言供人聆听；"大师的教诲和神甫的箴言"（magistrorum solers sublimitas），跨越了严格意义上"讽喻"设下的藩篱，看到了事物的真相，而阐述者只能说出预言——与《圣经》的讽喻阐释有关。因此，理查德·迪·圣维托雷和奥诺里奥·迪·欧坦总结了一条贯穿整个中世纪奥古斯丁主义的诠释学路线。[12]

通过这种分类框架，我们可以理解为何讽喻这一形式并不会因基督的启示而失去其魅力，以及为何讽喻这种结合"神学和诗意"的语言［卡尔·巴特，《教会教义学》（Dogmatica ecclesiale），III，1］[13]，这一具有深层内涵的描述真实事件的言语，不会完全成为过去，除非"基督的降临"已经到达历史的最后一刻。事实上，讽喻这种形式比这里所解释的还要重要。与此同时，智者的言说和先知的智慧在《圣经》的讽喻阐释中也必不可少，否则就无法揭示"救恩历史"的三个重要维度：第一个是关于世界本原的奥义，或上帝的奥秘；第二个是关于起源的历史，奥古斯丁在《〈创世记〉字解》（De genesi ad litteram）中指出"不应怀疑伊甸园的真实性"，因为那里是人类最初的居所，是人的本真所在，是时间与空间的结合，不能将它描述为基督道成肉身前后的其他存在；第三个是万民四末，基督再临和主日只能通过"未来的景象"展现，就像先知们之前预言"基督的降临"一样。这一预言与古代那些愚昧先知的预言不同：在耶稣临终前的那一刻，人们信仰坚定，心怀期望，确信在熬过魔鬼统治及其与教理之间的激烈冲突之后，救赎的时刻终将到来。[14] 然而，不论是世界的开端还是结束，事实上都是无法客观描述的，也无法从概念或字面意义上阐释，只能以讽喻这种精妙的方式阐释。未来究竟会是怎样一幅景象，仍然迷雾重重；而现实生活里，人们只能以这种方式描述人类的末日，那是可怕、迷失、恐惧、等待与希望交织的一天。但文字仍应当作为人们表达精神现实的符号，否则只有陷入无尽的沉默。

正如我们所见，诗性语言与俗语一同成长，并在其中产生一种高于神学的智慧（接近精神愉悦）。如果失去了形象化的力量，隐喻和讽喻所表达的象征含义将不再明确，救恩历史的开始与结束，也就无法得到准确表达。如果不借助形象化的力量，我们就完全无法探索上帝的奥义。这一点，是人文主义认为经院哲学的神学理论不可信的主要原因，这也解释了为何人文主义学者在思想表达的过程中，认为艺术与诗意表达是重中之重，并且非常注重研究灵魂的想象能力。[15] 虽然这种想象能力与上帝的关系并不紧密，但正是这种近乎魔术般的想象力，能够以符号、以超脱于本质的象征形式描述世俗现实。两者之间虽有距离，却并不会被完全割裂，因为灵魂具有将天堑般的距离无限拉近的能力。对佛罗伦萨新柏拉图主义来说，讽喻式的、象征性的语言是一种无限接近不可言说的"善"的表达，是灵魂的力量，能将可见之物化于无形，在文字中注入精神的力量，从而赋予文字以生命力。在这一转化的过程里，文字、可见之物以及它们在尘世的存在形式，最终都不会被遗忘。它们的最终解释权，归属于耶路撒冷的"上帝"，这里需要注意的是，但丁的"天堂"只是一种象征，并不是真的指耶路撒冷是地狱。

很明显，这种情况超越了亚里士多德修辞学对隐喻和讽喻的界定——它对词语之间的对称性的要求较低。当一个新的词语被发明出来的时候，它不只对应一种所指，这一符号的内涵远超文字本身所能表达、所能尽言的内容。从这个角度来说，我们需要在但丁文字的诗性与预言讽喻之间，以及其神性诗歌与人文主义之间，探寻诗歌与神学之间的关系。当诗歌的语言显露出"无形之物"（Invisibile）的迹象，并超越了一切可以定义的属性类推和比例类推时[16]，诗歌就会带有神性，字里行间充满着神学的光辉。因此，诗歌是神圣的，虽然没有以明确的形式阐述，但神性诗歌完美表达了先知之精神并未结束，依然活跃在当下的作品与言语中。在神秘主义诗歌里，光作为一种意向，具有"不可描述性"，从它背后可以看到最真实的"未来的景象"。罗伯特·格罗塞特斯特认为，光也是一种实体，甚至光是"最初的实体存在"[《论光》(*De luce*)][17]，其本质是实质存在的。光一度被认为是人类能够见到的一种神性存在，是神的光辉在尘世的一种象征。所有不同层次的存在都能被光连接在一起，形成一条"金链"。神秘主义及诗歌里充斥着光的象征性形象，但在思辨的神秘主义中，光还具有存在的真实性。这一点在存于威尼斯的博斯的木版画作品中，在神性诗歌中，在充满想象与创作力的灵魂中都有所体现，又在人文主义时期达·芬奇所写的《太阳耀斑》(*Lalde del Sole*)[18]中得到了进一步发展。光可以照亮一切，启迪思想，它能够赋予人、物体甚至黑暗以同样的力量。神性诗歌所呈现的世界，是通向灵魂的唯一桥梁，能够连接当下与末世，连接感知与神性的真实存在。

然而，这种"辩证论"难道不应该只存在于基督教的范围内吗？似乎只有在《圣经》的预言里，在代表上帝意志的先知口中，我们才有可能发现真实的"未来的景象"。因此，只有基督教的先知诗人才有可能在信仰的基础上，将自己坚信的希望也寄托在这一形象上。经院神学完全认同这一点：如果说诗歌的全部都是"被贬低"的，那么异教徒诗人的诗歌也不能被认为是"虚假的再现"，即真理并没有藏于诗歌的面纱之下。[19] 而这也正是一种非常新颖的观点，如果没有这一观点，"古典文化的复兴"和人文主义研究就无法在但丁和人文主义流派之间承担精神层面的重要作用，而这一重要的精神也标志着古典文化的复兴与人文主义研究的顺利发展，对现代欧洲文化的发展也起着决定性作用。在沙特尔学派的代表人物马克罗比乌斯和马尔齐亚诺·卡佩拉，以及阿兰·德·力勒和皮埃尔·阿伯拉尔等作家之后，许多作家开始有意识地阅读异教经典，使自己能够"为真理服务"［约翰·迪·索尔兹伯里，《论政府原理》(*Policraticus*)，III，6］。真正的学究，是那些知道如何在他们的文本中发现哲学真理的人，他们能够睿智地识破那些掩盖真理的"外衣"(involucra 或 integumenta，这里也用了《圣经》中先知的讽喻手法)，揭示真理的本来面目。想做到这一点是十分困难的，因为这不仅仅需要证明诗歌在对哲学真理的反映上具有真实性；更要证明它与先知的真理类似，是"信仰的真理"，是基督教预言真实的讽喻和隐喻。约翰内斯·司各特·爱留根纳指出，异教中的神秘诗歌，也如同《圣经》这一权威著作一样，能够对其未来有所预言。

这种预言是无意识的，但是也具有真实性。由此，产生了这样一种难以避免的结果：上帝既会把他的旨意传达给以色列的先知，也会传达给受到启示的希腊或罗马先知。这种传达最多只是在强度或级别上有所不同，总归会有一条唯一的线把几个人物串联起来，将他们的心交织在一起。古代神学思想中的人文主义，以及上文提到的连接异教智慧与《启示录》的"金链"中的人文主义，都与这一诠释学的预设—— 神学悖论——相联系[20]。而法比奥·普兰西亚德·富尔根齐奥也指出，维吉尔是预言"基督降临"的先知，而不仅仅是描述人类生活和美德的"哲学家"。皮埃尔·阿伯拉尔是十二世纪一位最具世俗精神的卓越学者，他也明确肯定了这一点：诗人像先知、预言家一样预言了基督的存在 [《基督教神学》(*Theologia Scholarium*)，I，128]。圣灵无处不在，它既能将启示带给这些诗人，也能带给异教诗人，通过他们的诗句传达。锡耶纳大教堂地板上历时多年完成的大理石镶嵌画（见第 69 页）完美体现了这些神话与圣经故事场景。但丁本人也是先知诗人，以其无与伦比的想象力和表达力，传递了圣灵的启示。[21]

第三章

哲学语文学

∞

在拉丁语中"人"（homo）与"埋葬"（humare）一词极为接近。人是埋葬逝者之人，但是这种埋葬意味着永远带着宗教的"虔诚"铭记于心、怀念追思。其最终目的是将其"挖掘"出来，令其重见天日、重焕生机。这就意味着需要在经典中重寻尘世和天堂、人类和神性、讽喻和预言的价值，而这也是但丁对文学的贡献。但丁强调诗的重要性，构建俗语与拉丁语相互转化的体系，并围绕语文学、哲学和神学之间可能存在的联系，开辟了一条新的研究道路。但丁在整个十五世纪继续代表诗人的形象。[1] 早期的人文主义者一开始反对"古典"，但他们很快就转而承认古典的价值：首先是布鲁尼创作了《但丁传》（*Vita di Dante*）；随后，新柏拉图主义兴盛；同时，克里斯托福罗·兰迪诺在《〈神曲〉注疏》（*Comento sopra la Comedia*）及其所编的《神曲》中认可了但丁人文主义的价值（虽然到了十六世纪，这种思想的火焰渐渐熄灭了，但是也有米开朗琪罗、坎帕内拉等特例）。但丁的诗歌是"由真正的科学与诸多学科滋养、丰富、确立的"（布鲁尼，《但丁传》）[2]，是哲学诗歌，是智者的诗歌，甚至在一定程度上是优于彼特拉克的诗歌。

有趣的是，人们赞颂作为"杰出诗人"的但丁，但赞颂的方式却不尽相同。莱奥纳尔多·布鲁尼区分了两种类型的诗歌：第一种是狂喜派（ek-statici）诗人的诗歌，这一类型的诗人就像粗犷豪放的牧羊人，并没有深厚的文化底蕴，比如赫西俄德，他们以热情狂放的方式传达神的旨意，类似于柏拉图的《伊安篇》（Ione）*；第二种是那些"通过科学研究、遵循规则、保持艺术与审慎的态度"进行创作的诗人，布鲁尼把但丁也列入其中。因此，从这个层面来说，《神曲》并不能被定义为"神圣的"，但丁也并非预言家，不是神的旨意的传达者。新柏拉图主义者以及兰迪诺在其《〈神曲〉注疏》中都提到了这一点，并与我们此前讨论过的传统认知完全一致：真正的诗歌是上帝启发的结果，其本身无法被归入"自由学科"的范畴，但它可以"从神性之源隐秘地汲取"并表达崇高的思想。诗歌的想象力产生于"神圣的爱欲"（divino furore，兰迪诺重新研究并发展了马尔西里奥·菲奇诺提出的观点，详见后者于1457年12月给佩

---

*《伊安篇》是柏拉图的一篇对话录，约写于公元前390年，主要探讨了诗人文艺才能产生的原因。——译者注

莱格里诺·阿利的重要信件)³,但是这种爱欲丝毫不妨碍科学、研究、规训的发展。总而言之,布鲁尼要求诗歌具有技术和艺术技巧,"不古板,不贫乏,不幻想"。他还认为,不是只有荷马、俄尔甫斯、赫西俄德和品达的诗歌具有神圣的"爱欲",上帝也赐予维吉尔和但丁的诗歌以这种"爱欲"。神圣的奥秘不可能以任何其他方式来表达:如果上帝"发号施令",那么诗人智慧的传达,则是它得到诠释的唯一方式;缪斯和众天使会以交响乐的方式传达福音。因此,佛罗伦萨的新柏拉图主义传承了柏拉图式的"狂热诗歌"(mania poietiké)(即使它完全忽视了与柏拉图式的诗歌批评有关的、实现"模仿"理念的困难程度)。这种狂热,让预言诗人与神灵有了一种特殊的关联,它在揭示"神的秘密"(abdita Dei)的同时,也在一定程度上隶属于基督教的框架。

克里斯托福罗·兰迪诺的《〈神曲〉注疏》及其所编《神曲》,是人文主义思想的重要文献,而它成为重要文献的另一个原因,我们也已在上文提过,无须赘言。他指出,"神圣的爱欲"(毫无疑问,它是布鲁诺的"英雄之爱"的先驱)只有通过具有非凡力量的图像才能表达其本性。神给予的灵感与能够唤起真正的"惊奇"的图像是形成词语自身显著象征性的两个必要层面。图像并不能以适当的"技术"来后验地表现思想，图像本身既无说明性功能，也无装饰性功能，但是它能够让思想实质化，让思想变成一种震撼且奇幻的、具有巨大力量的视觉映像。诗人就是基于这一点进行加工与创作的。这种对图像力量的认识在马尔西里奥·菲奇诺的思想中也有所体现。无独有偶，塔索在题为《菲奇诺的艺术之路》(*Il Ficino overo de l'arte*) 的文章中也强调了这一点。

> ……哲学家们大谈特谈，演说家们口若悬河，诗人们高歌猛进，劝说人们真诚地热爱美德……但我们无法说清楚美的视觉感受是多么容易激发这种热爱，而语言在这一点上则无法企及。[4]

这一有关"图像"的重要思想在之后对莱奥纳尔多画作的推崇中再次引发了学界的探讨。保罗·瓦莱里在《莱奥纳尔多与哲学家》(*Leonardo e i filosofi*, 1929) 中对此进行了详细表述：哲学家竭尽全力展现思想（而这是否只是徒劳？），而达·芬奇坚定地认为思想可以通过想象与绘画更好地展现自身。柏拉图《会饮篇》(*Simposio*) 中说，美会打动人，万事万物都诞生于美之中，正是这种"惊奇"(thauma) 开始让思考成为一件殚精竭虑的事情。然而，如果是这样一种具有象征意义的标志在吸引我们的注意，让我们以其为中心展开思考，而不局限于简单的讽喻或隐喻，那么它的内涵就不再单一，而是处于更新变化之中。图像符号可以用不同的方式说明不同的内容，正如"存在以多种方式被言说"（pollakos legetai）[*]，因为我们无法以概念的形式或通过确切的类推来定义作为符号的词汇。它所指向、所预示的内容，是世界和救恩历史的开端与结束之间的对立和谐，超越了一切可能存在的界限。[5] 而只有库萨的尼古拉（也许还有皮科）从根源上对这一问题进行了阐释。在这一问题上，我们虽难以证明红衣主教库萨的尼古拉的思想和佛罗伦萨人文主义之间具有明显的直接关联[6]，但它们有着共同的思想来源——柏拉图主义、新柏拉图主义以及伪狄奥尼修斯的思想。我认为，这足以证明他们所面临的问题具有相似性，而人文主义者在处理这些问题时，也采用了具有独创性的方法——"哲学美学"，它也是一种语言哲学、图像哲学。

诗性文字卓越，是语言的灵魂所在，它自身也传达出一种象征性的张力，这两者构成了语文学存在的原因。语

---

[*]这句话为亚里士多德所说，见《形而上学》。——译者注

文学关注文本，捍卫其真实性，具有意义创造（Sinnstiftung）的功能，能够倾听一切的诗性话语则赋予了语文学内涵，是语文学的思想基础。语文学诞生于"惊奇"（thaumazein），可以表达和阐释自己的思想，它并不是一成不变的，也不是对过去的盲目相信。尼采的辩论并不涉及对人文主义语文学真实意义的讨论，另外，他也忽略了这一点。但他却并没有忽略莱奥帕尔迪的地位：他认为莱奥帕尔迪是现代语文学家的典范，与那些在他眼里类似于"冥府亡灵"的所谓的"科学家"恰恰相反。他认为，当代语文学并不是"畸形"的（迂腐，无法领会符号的价值，没有艺术感……），而是与希腊"美学"的概念相对立，并与波利齐亚诺和瓦拉的语文学相关联。尼采所欣赏的语文学，持有一种平缓的、以文为友的态度，葆有一种有条不紊的对文本的热爱，而只有这样的研究，才能正确判断、辨别文本的内容。只有这种语文学，才是人文主义大师的语文学。在《昆体良的雄辩术》（*Oratio super Quintilianum*）中，波利齐亚诺在这一意义上强调了了阐释者 – 哲学家语言的力量：正如雄辩家昆体良所展现的，这种力量"来自最隐秘的智慧源泉"[《雄辩术原理》（*De institutione oratoria*），XII，2，6]，而语文学则是有意识的批判行为的必要基础。尼采似乎直接采用过瓦拉在《拉丁语的优雅》中的一段话，为了证明语文学在维持语言"纯洁性"这一层面所发挥的重要作用，尼采在批评中指出，语文学本身已经具备了同一哲学语言的关键术语，例如"存在""实体"等。同样地，瓦拉之所以批判经院哲学家，不是因为他们拉丁语说得不好，而是因为他们的语言体系混乱：比如，怎么能把"ens"（存在）当成名词来讨论呢？或许他们不知道"ens"在拉丁语中只是一种分词形式，在句子里的用法与"res"（事物）一词的词性并不相同？"石头是物，而不是存在。"（Lapis est res, non ens）〔瓦拉，《论辩证法》（*Disputazioni dialettiche*），I，2〕"存在"只有在有指定对象时才有意义，它的泛指、绝对用法无法说明任何实体事物。瓦拉还指出，大众的语言要比哲学家的语言更符合逻辑，需要从以语文学为指导的语义学入手，才能更好地进行哲学思考。伊拉斯谟之后再次提及这一观点并提出了质疑。因此，有必要深入了解"尊严"（dignitas）、"诚实"（honestas）、"欢愉"（voluptas）等词汇的含义，以便更好地讨论与伦理学有关的问题。雄辩并不意味着要使讲话有吸引力和诱惑力，而是要让它具体化、实体化，并且贴切中肯，拉丁语的雄辩术便是典范。瓦拉在《拉丁语的优雅》的序言中指出，虽然拉丁语的雄辩术已是硕果累累，仍要播种新的种子。雄辩术褒扬理性的力量，而不是试图遮掩或是取代理性；拉丁语修辞学的作用，意在教会人们如何正确使用理性，让它在生活中也行之有效，从而产生"最完备的规则"（optimas leges）；"教化"的概念不能简化为会思考和书写。那么话语呢？能够进行有效表达的图像的创造呢？是否可以在没有想象、没有天马行空的想象力（用雄辩家昆体良的话说，这是演说的基本美德）的情况下进行良好的思考，即蒙田所说的"丰富和扩充话语体系"［蒙田，《随笔》（*Saggi*），III，5］呢？而人们又能否抽象地将连贯的理性推论与它用以表达的有效图像区分开呢？[7]

可以说，作为一种"光辉的言语"的范例，拉丁语的表意是相对明确的，因此，它也是对话语言形成、对话中行为连贯一致的重要条件。语文学"热爱"这样的语言，但是在进行表达时，拉丁语的有效性仍然有待商榷。正如我们在研究某一文本时，文本中词语的含义丰富，始终是"有待发掘的宝库"，因而我们不可能完全理解我们所热爱的拉丁语。瓦拉称其为灵魂的食粮，我们永远不会对它感到满足。拉丁语有教育的作用，这一功能可以让我们摆脱杂乱无章、毫无条理的言语，摆脱语言的颓废——一切文化颓废最明显的标志。瓦拉曾在《拉丁语的优雅》中对此表示惋惜，他所用的语气会让人想起布鲁尼的《与彼得·保罗·伊斯特鲁的对话》（*Dialogi ad Petrum Paulum Histrum*）中尼科利的口吻，但与之不同，瓦拉的研究并不是沉静（tranquille）、自我封闭的（Tranquillinus 或许是彼特拉克现已失传的喜剧作品中迂腐的学究的名字）。他的研究会为我们提供一种逻各斯，它能够精确地传达内涵，使人们可以进行普遍的交流，而它就存在于当下。瓦拉和波利齐亚诺都明确指出了"词语"（verba）和"事物"（res）的统一性，哲学家皮科在与埃尔莫罗·巴尔巴罗的论辩中也肯定了这一点。从语言学和语义学的角度来看，词源得到进一步深化的词语价值显著，因为它十分明确地表达了要有条理地说明事物的内涵，也就是"实现有效交流"（De re agitur）。然而，如果不借助语言的力量这一神圣的礼物，人类永远无法认识任何事物。这也是人文主义研究重要的哲学成果：我们不是在处理数据，令其"适应"语言惯例，就像衣服适应身体一样；我们只研究"事实"，即由我们所表达、诠释、表现的事件、境遇和戏剧，与希腊语中所说的"语用"（pragma）相关。这种语文学本身蕴含了未来诠释学的萌芽，甚至不仅仅是萌芽。同时，也印证了赫尔曼·乌瑟纳尔《神名》（*Götternamen*,

1895）的箴言："对我们来说，'词语'（verba）和'事物'（res）息息相关。"

　　这种语文学思想与菲奇诺、兰迪诺和波利齐亚诺的新柏拉图主义之间的关系，值得我们研究。词语犹如一种需要通过我们的语言行为不断进行自我表达，但是又总能够在此基础上超越我们的力量，它在艺术与诗歌的想象力中达到了顶峰。对于词语历史及其含义的热爱，在本质上类似于一种对于智慧的热爱。我们向着逻各斯和智慧而行，却又常常迷失方向：一旦我们试图去探寻甚至只是某一个词语的"惊奇"，都会发现它背后无尽的深渊；不仅如此，话语永远无法真正明确任何事物的本质。然而，正是在开辟这条道路的过程中，语言变得更加清晰和生动，我们面对历史以及作者的态度也变得更加具有批判性［这种批判语文学的典范及其精彩激烈的论战，即《君士坦丁伪赠礼考证》（*Discorso sulla falsa e menzognera donazione di Costantino*），这一文章是瓦拉对但丁神学政治斗争观点的致敬］。"理性"和"言说"的联系日趋紧密，而表现这一联系的主题与图像的"发现"也更富有成效。在"发现论点"（inventio）这一主题上，亚里士多德对"论题"这一概念定义的影响颇深：在进行每一个逻辑论证和得出每一个结论之前，都要找到论点所处的"位置"。而"发现"本身又与"创造力"（ingenium）和想象力有关，继而也与诗歌相关，与艺术杰出的特质相关。综上所述，语文学的本质是对文字的热爱，这种文字是鲜活的，具有创造力、隐喻以及预言的能力，作为精神的呼唤被感知和倾听。语言中的神性一旦被领悟，就不同于"纯粹的观点"、"信念"（doxa）、"意谓"（Meinung，黑格尔在《精神现象学》中如是翻译）等概念。这种关于哲学与语文学之间联系或"联姻"的人文主义思想［将墨丘利与语文学分离意味着破坏"一切自由的研究"，约翰·迪·索尔兹伯里已在《元逻辑》（*Metalogicon*）中提及］*，只有在维科那里才会有结论，著名的《新科学》（*Scienza nuova*）的封面图便说明了这一点。但是这一结论如果没有之前的历史作铺垫，比如波利齐亚诺和瓦拉（比兰诺维奇口中新语文学的泰斗）[8]的哲学语文学这一关键背景，这种"辉煌的语文学"（卡洛·迪奥尼索蒂）[9]就永远无法被世人所理解。

关于这段历史，同时也为了研究逻各斯和图像之间的

---

* 五世纪初，古罗马作家马尔齐亚诺·卡佩拉撰写了题为《语文学与墨丘利的联姻》的寓言体学术论著。在希腊神话中，赫耳墨斯（Ermete）是众神的使者［在罗马神话中又名墨丘利（Mercurio）］，负责在神与人之间传递信息，起到阐释的作用。后来，以"赫耳墨斯"为词源的专业名词"诠释学"（Ermeneutica）由此诞生。而菲洛勒吉娅（Filologia）意为"语文学"。在两者的婚礼上，文法、修辞、逻辑、算术、音乐、几何和天文，亦即所谓"自由七艺"，作为伴娘出场。——译者注

关系，我们需要了解一部非常重要的、源于卡洛林王朝时代的作品——迦太基雄辩家马尔齐亚诺·卡佩拉的《语文学与墨丘利的联姻》(*De nuptiis Philologiae et Mercurii*)，该著作于 440 至 480 年间首次出版。这部作品在整个中世纪的重要性，不仅在以约翰·司各特为代表的评论家们的赞不绝口中得到体现，也彰显在它对自由七艺（artes liberales）的图像学所产生的决定性影响：从人文主义繁盛时期的乔托钟楼的浮雕，到里米尼阿尔伯蒂神庙中阿戈斯蒂诺·迪·杜乔所制作的浮雕都能印证这一点。[10] 这里，我们将从它作为语文学和哲学之间联系的标志这一点出发，对其进行简要分析。这种联系对于我们理解人文主义思想至关重要。

语文学从尘世中诞生，但它要继承它的母亲"实践智慧"（Phronesis）的意志升至浩瀚星空，正如凡人荷马和俄耳甫斯成功做到的那样。人，以及语文学所象征的人，"有通达上帝的能力"。当然，语文学并不等同于任何一门其他学科，但它需要从自身总结"自由七艺"的全部，在它们的规律发展中实现从"单一的学科"到"整体和谐"的境界转换。自由七艺与语文学相结合，也因此，语文学热爱每一种形式的逻各斯。而墨丘利又是谁？约翰内斯·司各特·爱留根纳以新柏拉图主义思想为依据进行了正确的阐释，他认为墨丘利是诠释神的思想的人，或者说是引领人们走向努斯（Nous）*的人，而不是哲学的象征；哲学头发茂密，有着"思绪沉重的阴柔形象"，也正是因为她的存在，朱庇特将最卓群的人"升至最高处"。根据神的旨意，语文学必须与"诠释者"（墨丘利）联姻，因为他能够指引心灵理解神的思想，这种思想将会构建出哲学的基本框架及其丰富的内涵。哲学与美德和美惠三女神一起，陪同语文学前往朱庇特的殿堂举行婚礼。最后是最关键的一步：为了通过行星圈上升到太阳——太阳也有一个柏拉图式的称呼，它是"不可知论之父"（神）的崇高力量的"第一传播者"——语文学需要喝下阿塔纳西亚所守护的永生之饮。但首先她必须吐出她所拥有的一切学识，也就是人类所积攒的所有知识。雷米焦·迪·欧塞尔评论说：马尔齐亚诺"之所以说出这番充满神秘主义的话，是因为只要人类的灵魂被尘世的科学所填充，被它压制着，人类就不可能以任何方式获得能够升入天堂的真正智慧"。因此与"呕吐"有关的这一幕，被载入众多信件、书卷和各种语言的作品，而自由七艺和缪斯则去将其收集。语文学必须清空自己，以接受永生之饮，然而，如果她能够经受如此可怕的蜕变，那么她腹中的东

---

* 即理性。——编者注

西就不应当被视为无用之物而丢弃。这意味着，只有当语文学与哲学一起升入天堂时，只有在她热切地渴望永生时，她的价值才会从"潜能"变为"现实"，才能得到充分的表达。

语文学源自哲学这一"热爱一切的学科"（omni studio affectuque），而哲学又将她托付给墨丘利（诠释学），让墨丘利做她的向导和丈夫。司各特·爱留根纳曾如是评价："只有借助哲学的力量人们才能通往天堂。"只有在墨丘利的指引下，研究哲学文献，人们才能参透神的思想。不过，墨丘利也收集并吸收了语文学喜欢的所有符号、语法和作品。语文学经历了一场蜕变：她在尘世有自己的形态，也因此在她的腹中堆积了不少科目和学科。最终被吐出的是这些杂乱无章的技法，而不是那些能够从本质上激发艺术创作的"自由艺术"。事实上，这"七门自由艺术"恰恰是缪斯在她到达朱庇特的殿堂后，送给她的结婚礼物。艺术的语言通过墨丘利（赫耳墨斯）得到诠释，并以哲学为向导。在知识积累的过程中，尽管不同艺术形式都始终保持其自身的独特性，但最后依然达到了完美的和谐——由此语文学转变为天堂的语文学。赫耳墨斯，其本质是语文学和哲学之间的"兼际"（metaxy），他辩证地看待语法与对善的智慧的热爱这两个范畴，而这也是对哲学的认可。菲奇诺和波利齐亚诺赋予语文学的意义与此并无不同，如果不能在赫耳墨斯的指引下，通过对哲学孜孜不倦的阐释勇敢地走向"柏拉图的奥秘"，那么语文学就是盲目的、无知的。而赫耳墨斯，即使曾被萨图尔诺教唆，也是朱庇特最出色的信使和传译者，菲奇诺也是如此。但从另一方面来说，如果哲学没有得到特殊科学和各类艺术的不断滋养，没有得到真正的"人类智慧"（anthropine sophia）的滋养，它就只能是空洞的学术实践。哲学用赫耳墨斯从语文学传递给特定科学和艺术的"物"来滋养自己，又反过来丰富这些科学与艺术，让人们理解它们最隐秘也最重要的含义。

引用马尔齐亚诺·卡佩拉的作品来说明语文学在人文主义中所具有的哲学意义，是非常贴切的，为了展示这一点，需要对这一时期的重要作品进行图像学研究，比如对波提切利的《春》（Primavera）[11]。而维科在《新科学》导言中，也以"图画"的形式展现了上述联姻的场景。神圣的思想之光冲击着哲学的心，但这光束并没有在哲学的身上消耗殆尽，相反，却放射出了更华丽的光芒。哲学的原理就是如此，它需要照亮"人类文明最初的智慧"，即神学诗人的智慧。哲学研究语文学，也就是关于一切人类意志、语言和习俗的学说。只有哲学能使荷马的认识成为一门真正的科学，让人们在理想和永恒的历史中理解他的形象。哲学仰望光，希望能够实现柏拉图式最后的理念，以便最终在必要时理解人类语用学的变迁。哲学升到光明之处，是为了再次回到人世来"拯救可感知的实体"。而如果没有语文学，没有语文学与墨丘利（诠释学）的结合，这项任务就永远不可能完成。

这项任务非常艰巨，并且强调"交流"的重要性。哲学、语文学、赫耳墨斯之间仍有明显的区别，然而只有它们之间的关系才能让我们真正认识事物的本质。如果不了解联结它们的"纽带"——把它们各自不同的理论聚集在一起的逻各斯，人们就无法回到事物本身。人文主义所呼唤的"和谐"理念，不是学科之间简单愉快的调和，也绝非混乱的"跨学科"体系，而是强调了这件事情的艰难之处：语法学家要达到能够从诠释学，甚至从哲学中抽离出来的专业能力。如果文本不具有生命力，怎么成为人文主义和谐观的基石？不对文本进行评论，又怎么能领会其"活"的语言？如果不用哲学的原则，又将以什么原则来解释它？没有任何学科能够单独进行这样的研究，需要一种文化，一种通用的"教化"体系，一个将这种研究视为其构成的必要因素的共同体。这就是政治和社会生活中人文主义的真正意义。我认为，这才是人文语文学的"共和"价值。[12] 它与构成其基本思想的哲学诠释学是分不开的。

人文主义中没有哲学吗？欧金尼奥·加林也明确地提出了这个问题：

> ……文艺复兴的真理……正是在瓦拉、阿尔伯蒂、波利齐亚诺，在马萨乔、布鲁内莱斯基和莱奥纳尔多的作品之中……并不是因为那个时代没有哲学家，也没有影响哲学……而是因为人类最自觉的沉思正是在那种语文学、在那段历史之中……[13]

当然，如果我们在人文主义者没有意图涉及哲学的领域中去寻找它的痕迹，自然是找不到的。人文主义者的语文学研究、语言的观念应该从哲学层面上理解，"历史时间"（tempo storico）的概念（正如威廉·狄尔泰理解的那样）也源自哲学，"诠释学研究"最初的核心更是发展于此。哲学是对"想象力"在灵魂的普遍形式及其审美感知部分的关系中所扮演角色的核心研究［这就是菲奇诺《生命三书》

（*De vita*）等作品的理论基础]。而正如我们即将所见，哲学的意义并不在于重新发现柏拉图主义，而在于理解它与亚里士多德主义的本质关系以及它与基督教和其他一神教在神学与哲学传统方面的本质关系。在不同文明用以思考和表达的不同语言之间的翻译或可译性问题中，哲学仍有待研究。[14]

在反对"抽象"的持续争辩中隐含着哲学，这种争论主要以语文学为武器，其目的是让哲学摆脱纯语言学范畴的藩篱。当代哲学很多思潮对人文主义的批评，集中在对"人是什么"这一抽象概念的思考之上，这一点在马内蒂的《论人的尊严和卓越》（*De dignitate et excellentia hominis*）、萨鲁塔蒂的《赫拉克勒斯的劳作》（*De laboribus Herculis*）中都有所体现，但是瓦拉、阿尔伯蒂和皮科在这一方面的相关研究相对较少。对于他们来说，"人是什么"是一个问题，人是一种需要被理解的"惊奇"。但丁在《论俗语》中已经说过，每个人都有自己独特的才智。马基雅维利和圭契阿迪尼，也以悲剧性的怀疑论调再次提出了同样的想法，比如，"我相信，就像大自然让人拥有不同的面孔一样，它也让人拥有不同的智慧和想象力"[《致皮耶罗·索德里尼的信》（*Lettera al Soderini*），1506 年 9 月 13 日至 21 日]。需要再次提到的是，人类这一"无法自救"的存在的非凡之处在于"雄辩能力"。因此，哲学研究意味着从根本上探究这种能力的基础和与它相匹配的其他能力。正如瓦莱里所说，如果不是那些诗人赋予语言以声音，使其形式具有生命力，那么是谁通过其具有划时代意义的伟大作品要求要用这些概念来表述有关人类的存在这一问题？可以说，没有但丁、彼特拉克和薄伽丘，就没有人文主义，甚至没有人文主义哲学。[15]

正是这些作者将人文主义时代定义为一个伟大的危机时代，一个具有决定意义的十字路口——中世纪正走向末路，国家正处于动荡时期——以及开启了十六世纪的"灾难"，尤其是对意大利来说。早在马基雅维利和圭契阿迪尼反思"王国、帝国和国家的巨大变化"，反思颠覆意大利的"重大事故和众怒事件"时 [《十年纪第二》(*Decennale secondo*)，1—5]，这场灾难——我们定义"悲剧"的这面镜子——已经被最敏锐、最清醒的时代悲剧诠释者所预见，比如阿尔伯蒂和瓦拉。洛伦佐·瓦拉是人文主义斗争中的伟大人物，他批判各种形式的古典顽固思想和宣传异教的意图。他所使用的拉丁语强调对象文本的精确定义，对历史根源的清晰记忆，以及我们所使用的语言的准确性。他认为，不可能存在从语言表达中抽离出来的理性，思想只能以语言的形式传达，而含糊的表达也无法传递明确的思想。语言不是应被脱去的思想的外衣，或许天使是以纯粹的智力进行直接交流，但人类是通过语言这一感知与精神的双重符号来思考和交流的。这是人类的悲剧性所在，也是人类与其他所有动物、天使、神相比独具的超常特质。维科对笛卡儿主义的批判正是源于此，可以说，十八世纪赫尔德和哈曼笔下明确表达的现代理性主义的批判思潮，也由此而来。[16] 我们可以在马基雅维利的观点中找到十分具体的对历史"价值"的相同认知，而这一点在瓦拉的作品中也有体现：他认为从历史中，可以获得对人性的最全面认识，而正是人的经验之后又被转化为规范、感知的对象和其他各种智慧［《斐迪南统治阿拉贡的历史》(*Historiarum Ferdinandi regis Aragoniae libri tres*)］。马基雅维利的座右铭是：我们应当以历史为指导；如果有一天我们需要在历史的洪流中辨别方向，瓦拉的语文学思想会引导我们。

可以说，在人文主义中，人们并没有完全理解"让词汇与概念共同成长"这一思想当中所蕴含的基本哲学概念。如果从特定历史的角度去研究，我们也许会有更多发现：每种语言的每一个词语背后，都蕴藏着取之不尽的宝藏，每一个词语都深陷于一个充满行为、思想和悲剧的过去，深陷于一段历史的财富中自我思索，如果我们想领会其中的奥义，就必须与它们对话。弗朗兹·罗森茨威格在《救赎之星》（*La stella della redenzione*）中指出"词语会说话"：词语从来都不是简单的口头表达，它也在表达自己。而这正是人文主义语文学研究的意义所在。每一个词语都有一段历史，它就像一口古井，带有哲学色彩的语文学必须有深入挖掘它的勇气，而且一旦开始便再难回头，恰如"（到达冥界后）若想仰望天空，重回地面，那时的归途才难于登天"[《埃涅阿斯纪》（*Eneide*），VI，vv. 128—129]。如果没有新的方向作为开始，对过去的怀恋就只是一种空洞的情感。如果在工作中，语文学家感受不到过度拘泥于过去可能带来的危险，没有从井中"逃脱"的意识，也就不能将他在"井底"的发现带回目的地，过去与现在也就无法对话，而这也是瓦拉所在的学派极力反对的。这一学派既反对那种没有批判地认识到自身与诠释学关系的语文学（用尼采的话说，这种语文学没有从已知慢慢走向未知，没有从已走过的地方慢慢探索未知的水域）；也反对那种高傲地（比如维科等哲学家们的傲慢）从"我说"（ego loquor）得出"我思"（ego cogito）这一结论的哲学。并且，只有复数的"我们说、我们说了"（nos loquimur et locuti sumus）才能表达：共同语言植根于我们的心灵深处，我们也因此依赖它进行表达；然而，共同语言的生命力在于群体里的每个人都使用它，并在使用的过程中不断改变它、丰富它。人文主义对人类普遍性的着重强调具有这种实际的意义，它会在持续发生的语言实践中得到认识与证实。

最真实的人文主义哲学，或许就荒谬地存在于阿尔伯蒂和瓦拉等作者"反对哲学家"（in philosophos!）的作品中，存在于他们对那些人的深恶痛绝中，因为那些人以傲慢的口吻声称理性可以自我构建。语言先于会话；语言的理性先于哲学。而这种理性与"身体"的理性密不可分（路德维希·维特根斯坦指出：维科比很多现代或后现代的流派更早、更系统地说明了一点——没有任何一种语言是从推理中诞生的）。此外，在哲学（Philo-Sophia，即爱智慧）诞生之前，还有与各种具体知识、技艺或艺术（technai o artes）有关的智慧（sophia）。人文主义热爱逻各斯，因为人文主义起源于逻各斯，人文主义先是启蒙思想，之后又影响了艺术领域，使艺术以积极的、富有想象力的方式复兴古典文化，而艺术也懂得了如何使自身的表达"古典化"。否则，那些最初低估或误解人文主义哲学重要性的人，他们所欣赏的伟大艺术文明将永远不会出现。只是因为这一时期的文化，在前文描述的哲学时代里正处于焦虑与探寻中，才能创造出一系列代表人类精神文明的伟大艺术作品：如梅塞尔·菲利波·布鲁内莱斯基建造的穹顶、圣·洛伦佐教堂的布道坛、鲁切拉宫，以及受柏拉图主义启发的波提切利的画作。艺术的运用、艺术家以及懂得创作的人（即那些在语文学、诠释学和哲学的引导下学会创作的人）极为重要，在政治领域亦是如此，因为哲学的核心是对思想表达、想象力、创造力以及思想和绘画之间的关系等问题的思考。[17]

人文主义思想的一个基本要素，是对传统哲学的批判性反思。这种反思不仅涉及经院哲学，涉及中世纪后期批判经院哲学的"辩证法"（瓦拉和后来的皮科对此都十分重视并加以研究），也涉及古典思想面临的重大问题。在这一点上，瓦拉的《论真善与伪善》（*De vero falsoque bono*）堪称典范，这部里程碑式的作品从各个角度看都带有"危机"的意味，与彼特拉克所说的"承载过去，着眼未来"（*ante retroque prospiciens*）所体现的问题相似。[18] 我们在书中找到了瓦拉语言哲学研究的主要问题，他在其中肯定了托马斯·阿奎那作为"古代神学家"继承者的价值，而并未刻意强调其形而上学学说的价值（这确实是他的思想缺点所在）。该形而上学学说忽视了对关键术语［"存在"（ens）、"本质"（quidditas）、"现实"（realitas）］语义的认识，因此其理论极有可能沦为空谈，而我们在书中也发现了解决这一形而上学问题的新方法。在这一基础上，又萌生了这样一种观点，即每一种哲学语言都不可避免地具有局限性，带有历史的烙印，只能在某些语言结构中"运作"。[19]这样的批判性思考具有谱系学解构主义色彩，而瓦拉基于此提出的哲学主张把矛头指向同样构建了人文主义思想的重要流派的斯多葛主义。此时他坚持教父哲学"不断归正"（semper reformanda）的观点，尤其倡导奥古斯丁的思想。但是，当他重新发现伊壁鸠鲁学派的思想更加贴近现实，更具有"罗马风格"时，他便很快放弃了教父哲学，甚至还带有挑衅和煽动的意图。与阿尔伯蒂一样（以及这个时代末期的马基雅维利），瓦拉通过探究是怎样的具体需求让人类做出某些行为举动，通过描述人类行动所追求的真正目的，展现人类的存在，而所有的目的都归结为一个原则：从本体论上理解，就是要寻求自己的快乐，要坚持将自己存在的绝对意志表述为快乐的意志，而这一关于"快乐"（voluptas）的理念也将"吸引"青年时期的菲奇诺。任何无视快乐力量的禁欲主义都是虚伪的，快乐必须表现为对逻各斯的爱，是语文学研究必不可少的部分。哲学意味着寻找"真正的快乐"，而"真正的快乐"的范围很广泛，它不会轻视其他任何形式的快乐，因此就更不用说身体的快乐了。哲学教化的任务在于指导我们如何满足对幸福生活的自然倾向。伊拉斯谟是语文学家瓦拉的狂热崇拜者，他继承了瓦拉关于伊壁鸠鲁学派和对宗教禁欲主义的批判中的许多观点，不过他的批判带有"平民的视角"，颇具讽刺之意［与最"受人非议"的阿尔伯蒂的《席间谈话》（*Intercenales*）和《摩墨斯》（*Momus*）相比，伊拉斯谟的《愚人颂》（*Elogio della follia*）中尖酸刻薄的嘲讽之意更甚。阿尔伯蒂、马基雅维利等人的哲学人类学，与伊拉斯谟"谦和有度的"哲学人类学几乎是完全对立的］。

  同一思想也有两种形态：一方面，是教父清晰的、非经院式的语言（路德非常反对"经院哲学"，他将其视为懒惰、虚浮的投机主义的同义词）；另一方面，随着瓦拉对伊壁鸠鲁主义的丰富，现代怀疑主义哲学的道路也随之变得明晰，这条也涵盖了伊拉斯谟的漫长道路，最终通向蒙田及其作品《为雷蒙德·塞朋德辩护》（*Raymond Sebond*）。一方面，"现代虔诚派"（devotio moderna）思想在佛罗伦萨引起了骚动和不安，反映出了人们对原始基督教精神进行改革的渴望[20]；

另一方面，需要通过观察"这个"人身上鲜活且具有悲剧性的逻辑思考与情感共鸣之间、理性与言辞之间的冲突，来展现人的存在。随之产生的怀疑主义把试图教育人类——把人类从根植于其灵魂深处的内在冲突中解救出来——看作一个梦想。而正如我们将看到的，在能否实现教育人类这一点上，阿尔伯蒂的内心也处于冲突中。而在《论真善与伪善》中，瓦拉仍然认为上述目标是可以实现的：人们不仅有可能了解什么对自己是有利的，而且有可能按照自己的想法来生活。在瓦拉看来，艺术创作、与诠释学（墨丘利）有关的语文学的力量，以及为此提供丰富材料的"善的艺术"（bonae artes），证实了一种新的人类秩序是可能实现的。总而言之，不能以"饶舌多言"（verbositas）的方式讲述这种可能性，也不能滋养空洞的幻想。奥古斯丁说，人性是脆弱的，但也具有危害性：滋养其伟大作品的生命之源，也有可能伤害到他人，冒犯到语言，践踏古人的思想。在这一点上，瓦拉吸收了阿尔伯蒂的思想。[21]

人文主义发展的两个顶峰之间最准确的关系，或许在瓦拉的对话体著作《论自由意志》（De libero arbitrio）当中有所体现，需要将菲奇诺和皮科二人进行比较、对比，正如我们将看到的，他们之间有着"兄弟般的敌意"。此处，论战的矛头也指向另一位传统人文主义大师——波爱修，他是连接中世纪和人文主义的重要纽带，对每个学派的关键问题都有所研究。起初，瓦拉提出的观点似乎是严谨的哲学（streng philosophisch），而波爱修（他也被指控"在想象和虚假的事物中寻求庇护"）"误解"了"如果存在天意，如何在绝对神性的预知下思考自由意志"这一问题的含义。[22]提出这样的问题，答案是显而易见的：也许是因为我知道明天太阳会升起，所以太阳才会在明天升起？我们是根据什么逻辑，说明某事是其发生的原因呢？这里，其实我们做了一个从逻辑上行不通的、从一种事物到另一种事物的过渡，我们从认识跳到了存在的原因之上。这样的答案能够令人信服吗？显然不能。很简单，因为我们没有理解这个问题的意义。拥有血肉存在的"这个"人提出的问题，不关乎知识，而是关于"上帝的旨意"。上帝知道一切，但是他为什么还要知识？上帝能在没有意志的情况下就能知道他所知道的吗？在他身上"意志"与"能力"不应该是合二为一的吗？先知诗人不是也指示过这一点吗？如果是这样，如果人可以"想要"他所知道的，"知道"他所想要的，那么自由意志就不会被神的先见能力所破坏，而是被自己的意志摧毁。而"这个"人的问题，依然没有得到回答。或者可以说有"悲剧性"的答案，是阿尔伯蒂式的："住手，你这个笨蛋，神圣之物永远不会被关在凡人的监狱里。"[《寓言集》（*Apologo*），LIV] *哲学质疑的极限，可以在保罗所写《罗马书》（*Lettera ai Romani*）中的"痛苦"探索中瞥见，这是"飞跃"到信仰之上的必要但绝不充分的条件：这时人们会明白自己无法做想做的事，无法掌握自身存在的命运。这种合乎逻辑的批判最终变成了对波爱修的攻击，人们指责他是伯拉纠主义者，是一个"至恶"的神学家。他被归到"可恶的"哲学家和神学家的行列中：他们充当上帝的"辩护者"，声称要使上帝的行为"合理化"。这种人文主义会使所有可能的神义论走向没落。我们不了解上帝为什么会有这样的意志：知识无知，学识无知（scientia ignorationis, docta ignorantia）。每当我们在看到善的同时又作恶的时候，我们都会从存在上体验到"无知"的含义。从这个意义上来说，人也是一个"伟大的奇迹"，没有哪种狡辩可以帮助我们掩饰这种对上帝以及对我们自身的无知。不存在关于神圣事物的"知识"，也不存在关于我们灵魂深处的"知识"，最重要的是要知道神学不是"知识"，而是

---

* 这个寓言讲的是男孩因为无法将太阳的光芒抓在怀里，所以努力地将它们堵在手掌之间，这时，影子便说了这番话。——编者注

"舞台上的妓女"（《论真善与伪善》，III，12），它试图将信仰行为建立在理性之上。在这个意义上，奥卡姆主义为评判经院神学提供了一个基本观点。[23] 然而，如果没有"知识"，我们总是可以尝试评论"神的话语"，评论保罗，评论福音，而且正是从它们最难懂、最神秘之处，对逻各斯进行翻译与阐释。[24] 同样，我们必须做人类形象的忠实描绘者。而在古代大师波爱修的作品《哲学的慰藉》（De consolatione philosophiae）中，甚至"没有任何关于我们宗教信仰的迹象"（《论自由意志》），也没有对我们的真实情况、对我们"欲望"之力的记录。瓦拉的论述，将在彭波那齐的杰作中，以迷幻但更有活力的笔调被再次提及。而彭波那齐的这部作品，即《论命运》（De fato），是在这一时代接近结束之时面世的，也标志了他宏大哲学创作历程的尾声。[25]

因此，对语文学研究中"意义为先"的追求，在《保罗书信》（Lettere）中也同样适用。我们需要从文本出发，从最准确的措辞出发，在尽可能不违背文本的情况下解释文本，并且用具有哲学和神学意义的问题来丰富文本。这样，自由意志和神的意志之间的关系问题，就会转化为人类自由的问题。人文主义作品的热切读者莱布尼茨[26] 理解了这一点，维科也同样清楚：人的自由问题绝对不可能通过坚称"上帝希望我们自由"来解决，因为这就相当于认为，从上帝决定的"那一刻"起，上帝的意志就是事物演变的规律，而我们所谓的自由便不再是自由的。那么，哲学死后留下的"残骸"（Caput mortuum）就意味着"自由"吗？瓦拉似乎赞成这一说法。哲学是痛苦的，但是也是真实的。自由是无法论证的。但是，我可以绝对肯定地说，"我想"获得自由，我的"天性"决定了我想获得自由，这是一个"事实"。那么，自由又怎么可能只是一个幻觉呢？如果它是幻觉，它就是可以被忽略的，因为在政治上，自由的概念与正义的要求相生相伴，而正义是历史现实的重要组成部分（正如埃尔米尼奥·尤瓦尔塔的观点）。自由的理念是我们行动的先验形式，是我们的行动存在并拥有意义和价值的必要前提，这一前提同样是无法论证的。马基雅维利的美德也建立在这一理论基础上，否则就应该说，只有时运女神才能将人"置于她的枷锁之下"（《致皮耶罗·索德里尼的信》）。我们可以说，正如我们与生俱来的"语言形式"（forma locutionis）是我们能够说各种语言的必要条件一样，自由也是我们一切思考的基础，完全不是虚幻的。但丁认为人最接近上帝的两个伟大的礼物（尽管并非都能二者兼具），就是自由和语言。这种意志和自由相结合的矛盾具有悲剧性的印记，它始于彼特拉克，并贯穿了整个人文主义时代。我确定的是，我"不知道"我的行为产生的根本原因，既不知道起因，也不知道结束的原因，因此"我相信"我是自由的，而"我知道"这一点也正是由于我的无知。关于这一点，瓦拉和彭波那齐的观点是相同的。人的存在这一"伟大的奇迹"，存在于这些悲剧性的问题中，人们努力寻求关于自由这一问题的解决方案，又不断地陷入困境。然而，正是因为我们以这种方式进行探索和质疑，我们才会有言语和行动。或许这就是皮科所说的人——"被置于"无限的可能之中，在如此不同而遥远的可能性的指引下行动。

锡耶纳大教堂大理石地板镶嵌画之一:《赫耳墨斯·特里斯墨吉斯忒斯》（局部）

布兰卡契礼拜堂中马萨乔所作《纳税银》（局部）

阿尔伯蒂"带翼火眼"纪念章（局部）

乔尔乔涅所作《三位哲学家》（局部）

贝诺佐·戈佐利所作《三王来拜》(局部)

安布罗焦·洛伦泽蒂所作《好政府的寓言》（局部）

第四章

悲剧人文主义

"建筑学是一门涉及多种学科的科学，涵盖的知识面极广。"维特鲁威（Vitruvius）在《建筑十书》（*De architectura libri decem*）的开篇中如是写道。文艺复兴期间，这部经典作品的价值于 1414 年在蒙特卡西诺被再次"发掘"，书里讲道：建筑的价值，在于它需要具备一种真实的知识，这种知识不是单纯从经验或实践得来；而建筑师则不仅要有技术层面的能力和经验，还必须精通几何、文学、数学和历史研究。人文主义时期这一理念在布鲁内莱斯基的作品中得到了初步实践，并在阿尔伯蒂的作品中被发挥到极致。如果我们问自己，哪一个学科是人文主义建筑师的基础，我们应该回答"语文学"（因为瓦拉的研究是滋养他们的沃土）。没有对古典文本的研究，没有通过直接接触古代遗迹获得的知识，就永远不可能诞生享誉世界的"权威性"（cum auctoritate）建筑。也就是说，这种建筑不仅具备自身的功能，并取悦其观赏者，而且还能用新的形式，让古典传统获得新生。阿尔伯蒂在研究建筑的具体领域时，和瓦拉进行语文学研究时用了同样的方式。如果只是以感性的方式膜拜古典作品的伟大之处，不会有任何成果，应当仔细研究所有古典作品。需要仔细思考、琢磨作品的内涵，比较不同作品，以便了解这些作品体现了哪些准则，哪些"韵律"，再将它们"描绘"出来，进行精准的研究。这意味着需要恒心、耐心和长期的工作，意味着这一过程的进展缓慢，需要不断进行语文学的研究与实践。达·芬奇在其箴言中早已表达了同样的观点：必须以"始终如一的严谨"（hostinato rigore）进行艺术创作。[1] 这一准则具有普适性：不论是在艺术领域，还是在其他任何领域，都如同治家或治国——没有耐心而冲动行事，都会带来毁灭性的结果。必须要学会"拖延"["我尽可能地放慢速度"，阿尔伯蒂，《论家庭》（Libri della famiglia），III][2]，而不能做马基雅维利在《金驴记》（L'Asino）第一章第35—36诗行中指出的有"病态"性格的那类人："到处乱跑，不论何时都不停下脚步思考的人。"

这条准则是《论家庭》的基础，而《论建筑》（De re aedificatoria）这一鸿篇巨制也基于此，将研究的重点着眼于建筑实体、建筑构造的复杂现实及其对于人类社会的主要价值。基于这一点，我们必须研究古典建筑，而提到建筑，就一定会想到罗马。布拉曼特也这样认为，他在《古罗马景物》（*Antiquarie prospetiche romane*）一书中写道，达·芬奇是他"友好、亲密的合作伙伴"。[3] 罗马的建筑不只是值得膜拜敬仰的古典遗迹，也不是用来模仿或复制的一成不变的模型。确切地说，它是一个宝矿，倘若要解决具体的设计和结构问题，人们便可以从中找到各种答案和解决方案。如今我们的建筑也应当是和谐的，整体之中的各个局部之间相互呼应、彼此协调（concinnitas），同时也应具有多样性，能够把握具体情况，适应时代的发展，满足不断变化的需求，提高建筑的舒适度。阿尔伯蒂对待古典建筑的态度与马基雅维利对待历史先例的态度完全一致：需要差异的存在，需要对事物丰富的多样性的认识。即使在艺术领域，这种认识是深刻而尖锐的，但这并不意味着赞同圭契阿迪尼式的怀疑主义*["照搬先例来判断是一种错误，因为如果它们不是在各个方面都具有相似性，就是没有用的……"，《圭契阿迪尼格言集》（*Ricordi*），117]。其实，圭契阿迪尼对于历史先例的作用的怀疑经常自相矛盾："如果想了解暴君的想法，就读一读科尔内利奥·塔西佗的作品……"

---

*马基雅维利认为历史能提供先例，人们应以史为鉴，因为历史是由不变的规律支配的；圭契阿迪尼则持怀疑态度，认为历史是多变、不稳定的，不能提供有效的指导。——译者注

（*Ricordi*, 13）；"别抱有太大期望⋯⋯ 你们看看布鲁图斯和卡西乌斯的例子就知道了⋯⋯"（*Ricordi*, 121）。经验是老师[圭契阿迪尼指出："'经验'可能是现代人中唯一一位对人类十分了解，对事件进行哲学思考，期待了解人性的历史学家。"参见贾科莫·莱奥帕尔迪，《断想集》（*Pensieri*），LI]，但经验也是从罗马人那里继承的。这里我们需要重申前文所提及的一句话：要能够驾驭古典作品，而不是让自己"被迷住"，这是人文主义者应该做到的。在建筑学中，可能比在其他学科里更需要做到这一点。其实，栖居和语言一样，都是人的基本需要，我们既需要学会如何说话，也需要学习如何择善处而居。

波利齐亚诺在给保罗·科尔特斯的信中说："有人说我不像西塞罗那样表达自己。那又怎么样呢？我不是西塞罗，我表达的是我自己。"[4] 埃内亚·西尔维奥·皮科洛米尼已经说过："要避免对艺术不必要的模仿。"[5] 彼特拉克曾教导世人：我想模仿西塞罗并不是因为我对他的热爱。重视并研究罗马，对于学习如何在这个时代表达自己至关重要，这样，罗马的文字和建筑，就可以代表一类问题，帮助解决相关问题。阿尔伯蒂对建筑的研究里也蕴含着类似的思想，而且表现得更为直白、强烈。这种思想也是"合乎逻辑"

的：他既是最伟大的建筑师，也是建筑领域最优秀的"语文学家"，尤其是在罗马建筑的研究方面。他深刻地了解建筑工作的严肃性，知道这种艺术需要多么艰苦的努力，又有多么艰难才能让人类这个极其伟大的"奇迹"有地可居、学会栖居,才能建造家园和城市（这也是阿尔伯蒂《论建筑》和其公民政治作品之间的联系）。在这里，语文学方法面临着最艰巨的考验，它必须以倾听古典作品的真实声音时所体现的专注与严谨，来理解自我表达与实际生活中的人类这一"文本"，而不能仅从人类创作的作品中去理解。而且，正如建筑学所示，这些作品只有在能够与真正的现实相适应时才有价值。总而言之，语文学自身需要对人类行为进行现实的表述，无论这一过程有多么艰难。如果忽视了作者，又如何能解释其作品？我们怎么能满足于观察"在形式上"已经完成的作品，而不深入研究作品的创作过程？如果不深入理解"无法自救"的人的存在，我们的人文主义就会变成肤浅的、不随时代变化的古典顽固思想。阿尔伯蒂充分意识到了这一点，在人文主义时期也只有他充分认识到了这一点[6]，然而，他所理解的时代悲剧其实是普遍存在的；他以最有力的声音表达了整个时代最深刻、最重要的矛盾和冲突。我们必须明白，语文学面对的不是表面的矛盾，也不是简单的各种声音、个性的混杂，语文学代表着表达与交流的意愿，而只有了解对话者才能进行交流，"人类啊，你是谁？"［普劳图斯，《安菲特律翁》(*Amphitrio*)，IV, 2］；同时，忠于文本也意味着人类学带有现实主义色彩。研究伟大作品的同时，也要避免对任何人的盲目崇拜，而且应该理解人类无限的复杂性。古代的伟大作品就像一面镜子，显示出我们的"卑微"：对比古代伟大的诗歌，能看到我们语言的贫乏；对比古代伟大的建筑，我们的建筑未免相形见绌。它们并不是我们的慰藉，却能激励我们坚持研究，努力为我们现在的自我表达和栖居提供一种能存续更久的形式。

但是，若想要发现这种形式，就需要经历同样的"地狱"：如果一个人消除"地狱"的存在，忽视了"最恶的事物"且不去描绘它们，只描绘有尊严、高尚[7]的形象，那他既不会是一个好的语文学家，也不会是一个好的艺术家，更不会是一个好的哲学家。柏拉图本人在《斐多篇》(*Fedone*, 97d, 4) 中也强调了这一点。阿尔伯蒂的建筑正是诞生于类似这种"下降"(descensus) 过程的极度危险之中，这些建筑越是屹立不倒，就越是在挑战时间的权威，毕竟"连石头都会被时间征服"［卢克莱修，《物性论》(*De rerum natura*)，

V，306]，同时，也越是将它们的根基沉入"地狱"。阿尔伯蒂式的"地狱"涉及了很多不同的内容，经常会出现在他的同一作品中，就像同一首曲子中出现的不同的音调、不同的和弦：比如从《摩墨斯》中——让人联想到马基雅维利《金驴记》里的驴子踢腿和玩笑——十分尖锐的笑声[8]，到最辛辣的讽刺；从戏仿到极致的悲伤与惆怅。阿尔伯蒂式的悲剧性也是反复无常、不断变化的，即使是那些为长久流传而创作的作品，也不过是用以掩盖这种变化的面具。在他的作品《西奥真尼西》（Theogenius）第二部里，可以找到最黑暗的悲观主义，而这种悲观主义也隐匿在面具之下。人不仅仅是时运女神背信弃义的牺牲品，不仅仅受普遍的、宇宙性的世事变迁的摆布，因为即使在天堂世事也不是静止的，它是构成变化的一个元素、一个因素、一个主体。让我们无法停止变化的不是宇宙的斗转星移，也不是天堂的变幻莫测。在所有的存在里，我们是最接近"地狱"的，最脆弱的；要求所有事物永远处在运动变化中的"宿命"秩序，只有在人的本性中才能体现得淋漓尽致。使我们流泪、让我们筋疲力尽的，不是外在的原因。如果人们只是因外在原因产生矛盾，那些在《圣经》中大量出现的、明智的斯多葛式和伊壁鸠鲁式的建议，可能仍然适用。但对我们来说，致命的是我们自身灵魂那难以控制的躁动与不安，是我们内心的无力感。影响我们的正是人类的本性，它使我们成为"对自己的状态和境况极度焦躁不安的动物"。我们一直在改变，却不曾改变自己，而这种躁动必然会让我们离平静越来越远，"和平与战争因此而生……"（*L'Asino*, III, v. 94）。一个自身躁动的灵魂，不可能忍受其他存在，因此必然要将其制服。这种暴力，不是简单的错误或是可以改正的恶习，而是人本质的表现。"只要有人，就有恶习"［塔西佗，《历史》（*Historiae*），IV，74］，因此，我们在面对他人时就像"狼"一样［语文学家塔西佗引用了普劳图斯的话："人对人是（互相抢夺的）恶狼"］，想要奴役和征服每一个生命，我们的肚子几乎是"万物的公墓"。马基雅维利笔下那只极度痛苦的猪，在遇到驴的时候说（这是一只"金驴"，它通过痛苦的过程获得了知识，而没有像布鲁诺笔下的驴一样受到"愚昧无知"的折磨）："您不满足于从地上收集的东西 / 还要进入海洋的怀抱 / 用它的战利品满足自己。"（*L'Asino*, VIII, vv. 100—102）。人性本恶，从本体论上来说，人的愚昧使其永远无法"满足于任何事物"。这种"罪恶"悲剧性地铭刻在我们自身的构造中，以至于让我们在所有存在中，看起来最为不幸。

马基雅维利说："自己的爱欺骗了你们如此之多 / 你们还相信 / 它处于人类本质与价值之外吗？"（*L'Asino*, VIII, vv. 31—33）。这句话从根源上反驳了任何可能存在的人类中心主义目的论——它根本无法自圆其说，同时马基雅维利也批驳一切自负与傲慢。在这一点上，阿尔伯蒂和莱奥帕尔迪持同样的观点：当你觉得自己已经触及悲观主义的最深处时，你应该继续挖掘；之后，或许你会看到盛开的金雀花 *。这并不意味着需要塑造乌托邦式完美的"新人类"，而是要理解同一种树液如何会滋养出截然不同的物质。绝对的悲观主义与对人类美德的盲目赞美和崇拜，都是不切实际的。只有在人们不需要鞭笞时运女神，让她"脸上挂着干涸的泪水"（获得时运青睐）时，"德行"（Virtus）才能改变结果（*L'Asino*, III, vv. 85—87）。这一观点从语文学所保存和阐释的古代和现代的"善的艺术"中可以看到。但是，有的"德行"损人而不利己，如野心、吝啬、嫉妒与暴力等"恶德"。这样不和谐的因素，如何能在一个灵魂中相融合呢？《西奥真尼西》中指出，这种不和谐是很难消除的，除非了解并忍受它们。对自己和他人持续的"躁

---

* 莱奥帕尔迪在《金雀花》中指出，人类如同维苏威火山上的金雀花一般，面临着被自然消灭的危险，人类应消除争端与共同的敌人——自然——斗争，这是他从悲观主义出发得出的具有积极意义的结论。——译者注

动与不安"，使"极度凶残"的人类心烦意乱，同时，也是"思"（cogitare）的必要根源。消除对自身处境的焦虑与急躁，不仅能消除傲慢和暴力，也能消除才智和研究带来的"无尽的虚情假意的伪装"。去掉面具、虚伪，去掉人与人之间用来相互欺骗的伪装和掩饰，就能去掉那些"虚伪"——那些人类自己"最伟大的作品"，几乎是与吞噬一切的时间做斗争。"治疗"灵魂贪得无厌的特性，甚至想要"修正"、伪造其本性，最终灵魂便会失去了解自身每一处秘密的渴望。要让灵魂"快乐"，把它从阻碍它活在当下的"各种期望"中解放出来，那么就连在不断探索与孜孜不倦地寻找新事物中表达自我的最高尚的"美德"，也将保持缄默。以这种"冲突与不和"作为其本性特征的人是"无法自救"的，这种冲突不是原则上的分歧、对立产生的，其根源是内在的。自然人（Homo naturalis）就是这样，但如果是这样，就意味着在构成他的变化中也存在着思考、工作、生产的可能；人不仅有可能失去本性，也可能认识并描述它；不仅有可能危害他人，也可能成为公民，与他人团结一致、心存感激，在"共和"（res publica）中和谐生活。命运是不安分且贪得无厌的，然而，我们要决定以何种形式接受它，如何参与其中去认识它、面对它。我们是命运变化的参与者，而不是旁观者，其变化的最高形式是"宗教本性的改变"（彭波那齐和布鲁诺的观点）[9]。然而，是要像奴隶一样生活，成为时运风暴的猎物；还是保持清醒，"从不离舵"（阿尔伯蒂）[10]，将困扰我们的忧虑转向看似能够完成的工作。这是命运赋予每个人的选择，没有人可以逃脱，而看似自由的选择里，也藏着必然的另一面。

在人文主义中，没有人比阿尔伯蒂和马基雅维利更能认识到时运女神的力量。如果没有幸运之神的眷顾，罗马帝国也不会建立并长久地存续。正是这个在最严厉的纪律下锤炼出的帝国，为时运女神建立了精妙绝伦的圣殿。时运女神的形象在政治上意味着什么？她意味着不可预见和不可预测的事件的复杂性，至少在我们的生命之河中是这样的。这些事件总是发生在我们想要的、计划的和追求的事物面前，如果没有它们作为原因，我们将永远无法理解"时运"的概念。一个事件发生后，我们总是可以分析出缘由，最终在事件的全部或部分中，显而易见地看到时运在有效实现那些意图、目的，以及在我们应当要成为的存在中扮演的角色。"原因"表明让一个事件有可能发生的因素，但绝不代表它实际发生的必然性。正如鲁切拉家族的徽章上所描绘的，虽然他们能感受到推动风帆的风，风的力量却不属于他们。阿尔伯蒂和马基雅维利对德行和命运关系的论述充满了塔西佗式的悲剧色彩，而塔西佗也是维科在所有渊博的学者中最钦佩的人之一。

卢克莱修说人的"思想充满活力"（《物性论》，V，v. 1452）[11]。思想可能完全陷入反复无常、无意义的不稳定性，从而沦为时运和激情的猎物；相反，思想也能想象并"创造"出拥有强大力量的圣安德鲁（Sant'Andrea）*。人总是不知疲倦，总是无法平静。人是自己的塑造者：人可以像摩墨斯一样，沉湎于悲剧的、怪诞的狂欢；也可以塑造和构建自己的存在，拒绝平静而投身于狂热的喧闹，全力参与标志着公民生活的竞争，而这种竞争随时都有可能变成战争，陷入停滞。人就像一条变色龙，尤其是当他发明面具进行伪装和欺骗时，当他出于自己的利益、自己的事情、自己的担忧，以新的面貌层层展示自己时［比如鲁切拉宫（Palazzo Rucellai）的正立面上层层不同的设计］。如果想研究阿尔伯蒂、马基雅维利和圭契阿迪尼根据个人经验所掌握的最艰苦费力的技艺——生活，就需要不断地塑造和伪装自

---

* 在关于圣安德鲁的传说中，有一则与人的思想的力量相关：在一场战争里，苏格兰国王安格斯二世声称自己在梦中看到了如同圣安德鲁十字般的景象，次日他在天空中看到了白云组成的十字架，并相信这是神的旨意。他发誓如果圣安德鲁帮助他获得胜利，那么从此以后圣安德鲁将成为苏格兰的保护神。军队大受鼓舞，最后圣安德鲁"帮助"苏格兰取得了胜利。——译者注

己，而仅靠勤奋、思想和方法是不够的，还需要手、脚和神经。[12] 身体的"各个部分"需要与勤奋、关心、谨慎相结合，才能在生命之河中航行，有勇气面对风暴，不惧沉船的危险，直面"命运与时运"（Fatum et fortuna）[13]。我们所处的机体，是身体和灵魂组成的不可分割的复合体。如果没有手这个"器官中的器官"，即使有双倍的智慧，也不会有学说、制度、建筑和城市的出现［焦尔达诺·布鲁诺《飞马的占卜》（Cabala del cavallo pegaseo）中关于飞马的著名描述，可能是直接取材于阿尔伯蒂双手创造之物！］。[14]

在生命之河比奥斯河中航行所需的耐力，与被水流冲走、在水中挣扎求生的人所用的活力一样多。美德将建造"善的艺术"作为船，只有紧紧抓住它，才能到达最终的彼岸，并"庆幸"自己仍然活着。我们拥有自由，上天也无法剥夺我们的自由，但它却陷于各种限制之中，这些限制不只来自普遍的命运，也来自我们作为矛盾体的存在：我们既是创造者，也是扰乱者；既是制造者，也是伪造者。我们在面对他人时是狼，在一起时是"政治动物"，也要"承受家乡的苦难"（阿尔伯蒂）[15]，我们在寻求、虚构和认识中总是急不可耐又焦躁不安。从复杂的对立面（complexio oppositorum）中产生了人类这一"惊奇"极好与最坏的两面。这种复杂性需要在空间上完整的框架里进行合理的展示、分析，并理清条理组织。而"惊奇"，正如梅塞尔·菲利波所说，需要从"美妙的透视"（dolce prospettiva）[16] 这一视角进行观察和描绘。但在这种空间里，人这一所有对立面的集合，其悲剧性在所有具体存在中悸动着，而这种悲剧性也必须通过其色彩、阴影，通过其不同部分的庄严性、重要性来呈现。这一点可以在布兰卡契礼拜堂中古老的绘画（见第 70 页）中看到，在多纳泰罗雕刻的先知们的形象中也得以体现。我们会在那些伟人的作品中看到，他们与自己的创作已真正融为一体，尽管他们意识到这些作品的风采易逝，而且永远无法摆脱这令人痛苦的意识。画家和哲学家都是如此，布鲁诺的《举烛人》（Candelaio）中的主角也是这样。

我相信，在彼特拉克的《秘密》（Secretum）和《书信集》（Epistulae）[17] 当中，不难找到阿尔伯蒂人文主义悲剧印记的最初来源（这里需要超越对于时代的粗浅划分，库尔提乌斯认为这属于"短视的历史科学"[18]）。作品中所带的这一印记是有意识还是无意识的，其实并不重要。需要重构的基本框架存在于彼特拉克[19]、阿尔伯蒂和马基雅维利[20]的思想之中，又在瓦拉的思想中发现了可归于语文学的"最高哲学"的意义，并且正如我们即将看到的，它是新柏拉图主义潮流下必然会出现的声音，而且绝不是简单的全盘否定。阿尔伯蒂和彼特拉克一样，意识到了人类意志的脆弱性［"我经常希望某件事发生，但我不能"（*Secretum*, I, 40）］，人类意志中缺乏奥古斯丁式的宗教信仰。然而，相同的是他们都有着"不断上升的欲望"（*Secretum*, I, 34）。如果说，彼特拉克首先将"革新"的渴望理解为对于自己所犯错误的悔过，理解为"思想的根本转变"；阿尔伯蒂也渴望灵魂与自己对话、审视自己，欣赏沉思的孤独［他在兰迪诺《同志会辩论》（*Disputationes camaldulenses*）中的形象绝非虚构］。彼特拉克笔下的奥古斯丁，在《忏悔录》（*Confessioni*）中痛苦反思（而奥古斯丁所崇拜的圣保罗，与菲奇诺新柏拉图主义中保罗的形象有很大差距），沉思是他的夙愿，而这种愿望却从来无法得到满足。阿尔伯蒂和彼特拉克一样，认为人不能达到任何状态："如果'状态'源自'存在'，那么人类就永远无法停留在某种状态，而永远在奔跑、下坠"［《日常书信集》（*Familiari*），XIX，16，1］。《命运之歌》（*Schicksalslied*）中的许佩里翁也表达了类似的观点："可是，我们却注定／得不到休憩的地方。"[21] 此类"哀歌"自彼特拉克开始，一直流行于欧洲。时间的力量是无法战胜的，它可以"迅速得胜，掠夺被造物的一切"［达·芬奇也持同样观点，《阿伦德尔手稿》（*cod. Arundel*），f. 156r］，罗马的遗迹也惨遭时间破坏，时间不是在改变事物，而是在把事物变为废墟，这一点在我们周围、我们身上都有所体现。时间就是存在，它改变并扰乱一切，在任何时候都无法安宁，它贪得无厌，永远无法满足，即使获得无限的力量。即使是体现我们技艺精湛的最优秀的作品，也会带有不完善的印记，带有我们创作时的多次尝试和一切痕迹。这些作品的实质就是我们作为提问者的存在：提问的人无法给出答案，得出结论，只能耐心地尝试、再尝试，不断地重新开始，同时需要"创作大量作品"（*Familiari*, XIX, 16, 5）。但这才是真正的巨著啊！这样的作品，才如同一座纪念碑，见证我们开辟道路、不断前行、持续发问的能力！这当然会反映出我们能力的不足，但是尝试接近无法抵达之事物的过程也是人类不屈的意志的体现（彼特拉克在给薄伽丘的一封著名的信中也有类似观点，见 *Familiari*, XXII, 2, 21）。而我们可以用过去的经典作品"武装自己"，这样我们才能够直面注定要经历的旅程。

然而，即使从这种意义上来说，也没有人比彼特拉克更痛苦地意识到，为了前进而回顾过去，会使基督徒多么良心不安，怀疑自己扶着犁的手是否坚定[*]。在彼特拉克的思想中，我们可以看到人文主义与基督教之间关系的悲剧性：即使从最严格的语文学角度来看，雅典和耶路撒冷在理论上也是不可分割的，但也不代表这两种当今西方文明的源流之间能够有和平的对话；相反，彼特拉克认为他所崇敬的伟大的过去，也总是隐藏着巨大的危险，会"诱惑"我们，让我们摆脱思想和灵魂的彻底变化，摆脱我们在基督召唤下的全部"皈依"。同时，彼特拉克的思想中一直明显有这样的理念：古典的"回归"可以振兴、复兴基督教，或者至少可以遏制其衰落；其衰落的明显迹象可以从"占星术"角度进行悲剧性的解读，如同其毁灭的征兆。这种矛盾需要被"容忍"，因为我们无法将其消除，就像我们不能消除我们本性中的"恶"这种近似的逻辑错误一样。在这种矛盾的作用下，高贵与不安、艺术的意志与忧郁、前行的渴望与懒惰的持续诱惑交织在一起。人的本性总让人想回归自身，回归内心深处，而不是追求真理，最终它悲剧性地发现了人的多面性：人并非只有一面，其存在本身就是"分裂"的。

彼特拉克认为，只有教父哲学才具有说服人们皈依的

---

[*]耶稣曾说，"手扶着犁向后看的，不配进上帝的国"；见《新约·路加福音》。——译者注

必要力量。教父哲学反对饶舌多言的经院哲学，这里指的不仅仅是令人厌恶的阿威罗伊主义者。[22] 教父哲学的力量不在于演讲、构建论证，而在于肯定"爱"比任何知识都更有价值。只有爱才能战胜意志的狭隘之处——经历了善却仍要作恶。人不能用理性思辨来战胜这种狭隘带来的痛苦，需要凭借爱的力量[23]，而如果没有神的恩典的帮助，人也无法达到爱的境界。教父哲学以最动人、最贴切的话语向我们传达了这一原则，并通过丰富的创造与想象，使这一原则的表达令人感到十分舒适，从根本上说，就是借助自身的诗性本质传递的这一原则。阿尔伯蒂并不认同这种宣扬爱的信念，他从不认为神的恩典能够帮助人们获得爱；人的美德不可能超越自身而达到神化的境界。然而，他深入研究了彼特拉克关于"能够"与"想要"之间有着不可调和的矛盾，以及意志的渴望永不停息这一观点。正是基于这种矛盾，人们塑造了自己的存在，不管怎样都安然栖居在自我的不安之中。阿尔伯蒂不相信人能够凭借丧失理性的本性，找到治愈这些"痛苦"的良药，但他相信人能够认识到它们。知识产生于痛苦之中，代表着人们所能追求的最高程度的美德。不幸的是，知识也会产生痛苦（古典悲剧的公理——"在痛苦中学习"，随时可以颠倒，变成

"在学习中痛苦"），因为它会使我们看到自身的存在是如何构成的，而此前，我们自欺欺人地认为自己的存在不过是纯粹的意外或单纯的巧合。只有忽略我们的本质，才能脱离这一循环：我们要将自己像残骸一样投进生命之河，不再关注现实，同时也不再倾听我们的意识深处呼唤自由的声音（每个人都有的声音），从而建立自己的思想家园，与超越时间的"不朽"的古典著作对话，并以此见证我们所经历的沧桑。象征阿尔伯蒂的"带翼火眼"（见第71页）不安地注视着存在这一"奇观"：它处于无限变化中，用各种面具来表达自己；同时也注视着令存在不安的疯狂，而如果没有这种疯狂，对神圣诗性、预言诗性和哲学的狂热，都将不复存在。

因此，不能透过文艺复兴人文主义或是德国新人文主义，来解读象征阿尔伯蒂的"带翼火眼"[24]，否则只能将其简化为锐利的目光与快速拍打的双翼。当然，这只眼睛代表了机警、谨慎，其本质如同太阳般炙热、耀眼。这一象征与古代所敬仰的四肢生有眼睛的神 * 的传说并不矛盾，眼睛的形象，似乎带来了不安与猜疑：你是谁？你看到的是什么？你的光能够照亮怎样的现实？你能照亮什么？你

---

* 作者此处指涉的应是希腊神话中的百眼巨人阿耳戈斯。——译者注

发现你的存在如此虚弱的根本原因了吗？你能否通过征兆和猜测超越你的知识极限？你能否将开始进行的大量创作尝试转化为神圣的作品？你眼中看到的是谁？世纪末，科德鲁斯带着苦笑回答："是被创造的我们。"[25] 眼睛可以飞上天，但只有在人世间，只有在月下，它的视线才能看向世界。不要因眼睛而感到自负，不要夸大"翅膀"的作用。即使是已逝之人的双眼也具有人的美德，尽管它只看到了人类痛苦的景象。然而，这种景象不会引起丝毫悲观的情绪：那目光是明澈的，没有被一丝雾气遮挡，甚至可以坚定地注视太阳的光芒。如果像约伯*一样不懂得探寻边界的尽头，如果即使翻寻了河底也不知如何找到"智慧所在之处"（"真正的智慧，要到何处去寻？"）**，但他还是真切描绘了他的所见，并且理解了其中的关系，这并不是"直观上帝"（visio Dei），而是他分析并整理出的人类状况真实而痛苦的写照。这种写照极具表达力，正如它在思想中呈现的那样。它似乎是每一次"皈依"的必要条件，而绝不会引起厌世或绝望的情绪，因为若没有对焦虑情绪的压制，思想和心灵就不会有改变。这与彼特拉克笔下保罗所说的话有共通

* 据《圣经》记载，约伯是一个十分善良、正直、虔诚的人，在几次巨大的灾难中失去了他的财产、子女和健康。——编者注
** 此语出自《圣经·旧约》中的《约伯记》28章。——编者注

之处，甚至比"现代虔诚派"还要虔诚，既反对神学的饶舌多言，也反对迷信带来的轻信。因此，十四世纪的精神信仰潮流，与阿尔伯蒂学说的影响力的下降密切相关，因为人们开始质疑自己的眼睛是否可以看到一切。"一切"？！你只能在自己存在的现实之上飞翔。人无法超越自己，正如蒙田说的一句名言（在《摩墨斯》中可能也有类似观点）："即使坐在世上最高的宝座上，也不过是坐在自己的屁股上。"（*Saggi*, III, 13）那么，人在权力的顶峰能否获得平静？答案显然是不能，他获得的礼物不过是失眠与焦躁。他有在尘世所渴望的安宁吗？在征服上天的路上就更加微乎其微了。他的有翼之眼所见，会令他愉悦吗？他真的能看到一切，终于能看清自己了吗？或者说，他不过是看到了镜像里的自己，就像苏格拉底邀请阿尔基比亚德在镜中认识自己一样，不是吗［柏拉图，《阿尔基比亚德·上篇》（*Alcibiade Maggiore*），132d—133c］？他找到能够让我们用自己真正的名字来描绘自己的方法了吗？表达的主体，即"艺术家"，不能成为描绘本身的一部分。是谁从我所描绘的画中看我？我们如何对其进行定义？还是我们应该称画中人为"你"？黑格尔也问道，如果盯着一个人的眼睛，又会进入一个怎样可怕的夜晚？进入怎样一个充满幻觉与神秘描绘的世界？这就是作为符号的镜子与杰出的矫饰主义肖像画所体现出的忧郁。图像中充斥的不安在象征阿尔伯蒂的"创造"中躁动着，伴随着一些不同论调的质疑。

这种反教条主义的范例、真正的怀疑论，仍然能在重读彼特拉克的作品时找到其根源。人们总是简单地将他的思想理解为对"严谨"的科学和哲学的反对。在有关这一点的引用中，最著名的是在威尼斯出版的《老年书信集》（*Senile*, V, 2），彼时有来自帕多瓦的众多阿威罗伊主义知识分子，彼特拉克在书中讲述了他与其中一人的相遇。阿威罗伊主义者只是表面上是神学家和修士，私下早已准备好反对基督和基督教教义。这位阿威罗伊主义者公开表达了对诗人信仰的鄙视："只有你相信你的基督教教义"，你的使徒保罗不过是"疯狂言语的散播者"；如果你能理解阿威罗伊，就会发现他的优越性，因为"你在他面前不值一提"！彼特拉克将他赶走并对他的言论嗤之以鼻。这是走向没落的宗教信仰的极端且略带悲怆的表现吗？反科学的态度是用来赞颂诗歌的吗？其实，没有人比彼特拉克更清楚诗歌和神学话语相比所具有的局限性。在对帕多瓦学者（阿威罗伊主义者）的严厉反对中，首先要注意到的是，对某种亚里士多德主义教条特征的批判意识的形成，而这种意识将带动并激发之后全部的哲学探讨。彼特拉克的基本立场绝不是"蒙昧主义的"，相反，他承认存在"有学识的无知"。* 所以，十五世纪的编辑们将彼特拉克《论悲惨命运的改善》（*De remediis utriusque fortunae*）中的一部分与库萨的尼古拉《论真正的智慧》（*De vera sapientia*）混淆也就不足为奇了。也更不用说彼特拉克与菲奇诺两人的反阿威罗伊主义之间的明显关系了。当然，在"思考的诗人"与奥卡姆主义者和司各特主义者的论战中，新的"哥特式"学派正在破坏伟大的"拉丁式"的学术建构——拉丁语，论战正在逐渐沦为修辞手法的练习。尽管如此，其逻辑形式主义的局限性还是可以理解的：如果哲学沦为逻辑，只需要在话语秩序中实现内在连贯性，那么这一人类"特有"之物还有什么意义？同样，纯理智主义的伦理学如何能唤起对美德的热爱，使人走向美德？此类伦理学概念中的幸福是不真实的，因为仅仅按照理性命令行事并不能带来幸福。在这一点上，彼特拉克认为需要强调信仰的力量，遵循奥古斯丁的教导。然而，对古典伦理学理智主义的批判，将会以

---

* 此语出自库萨的尼古拉《论有学识的无知》（*De Docta Ignorantia*），与彼特拉克有相同观点。——译者注

各种不同的表现形式在人文主义思想中发酵，以其批判和反教条主义的导向，成为现代思想发展中尚未完全出现的曙光。

理智主义的伦理学不符合人类的最高需求——幸福。也就是说，伦理学没能达到自己的既定目标——使人获得幸福。在这一问题的研究上，语文学和哲学再次走到了一起。瓦拉在《论真善》中问道：如何理解柏拉图作品中至高无上的"阿伽颂"（Agathon）？布鲁尼在 1416 至 1417 年翻译了亚里士多德的《尼各马可伦理学》（*Ethica Nicomachea*），他将"阿伽颂"译为"至善"，但是希腊语中没有"至高无上的"这一表达。如果善必须是"至高无上"的，那么就必须具备与上帝完美合一、完全"像神一样"（homoiosis theoí）的形式。幸福只存在于"上帝"之处，凡人因自身的有限性无法获得幸福。以将"阿伽颂"看作"至善"为导向的伦理学，希望人类超越自身存在，从而使我们陷入了不满足和不快乐的境地。美德的理念不能违背我们的本性。而这之所以会发生，既是因为用抽象的理智主义来解释它，也是因为在同样抽象的二元论视角下错误地解释了柏拉图思想，将善与快乐相分离，认为"一切都是因为快乐而存在"（Voluptatis causa omnia fieri）[26]。我们希望让善融入我们的存在，融入我们所有的"自然倾向"（conatus）。这种向善的意志，是天下万物所共有的，尽管表现的程度不尽相同，并且在人的身上也可以通过理性的研究和认识来表现。人类特有的快乐——菲奇诺在注释多纳托·阿恰约利对《尼各马可伦理学》的评论时，指出快乐不是恶劣的娱乐——在于"研究"（inquisitio），在于享受学习、探究、发现的快乐，在于因懂得如何创作满足理智和感觉的作品而带来的愉悦感。因为快乐就是感觉上的愉悦，身体可以感受到它，它并不是抽象的存在。需要描绘倾向于快乐的人：在思想的激荡中感受快乐，在灵魂的活动中感受精神的愉悦。当然，瓦拉以卢克莱修的方式，将自然理解为宽厚仁慈的"维纳斯"，布鲁诺也认同"博学的卢克莱修的深刻学说"（De triplici, I, 9），认为这是能够实现快乐的力量。阿尔伯蒂对此深表怀疑，而马基雅维利更甚之。他们也认为"美德"意味着向着确定的目标努力，而其本身永远不会是这个目标。但通过他们两人，瓦拉的理论得到了深化和巩固：人性根本不能指导我们，相反，它会欺骗我们，使我们在实现目标的过程中误入歧途，甚至会让我们伤害自己。以瓦拉的思想作为乐谱，但演奏的内容却截然不同，或者更确切地说，这种不和谐是所演奏的音乐本身固有的，因为这种音乐原本就想表现其自身最躁动、不和谐的一面：我们永远活在探究与询问中，因为我们始终是探究者、询问者。用一些可靠的权威观点为基础进行自我构建，以便能更充分地表达这种不和谐，只是一种虚妄的幻想。我们需要的不是权威，而是永不满足的好奇心（它源于对事物的关心！），以及对现实的不懈观察，并且不将现实的任何一面"理想化"。透过阿尔伯蒂的"眼睛"，我们可以看到达·芬奇眼中的"渴望"，渴望探索未知事物，深入了解在世界——"人造自然"——的"洞穴"中一切生气勃勃、相互联系这一"奇妙的必然性"。[27]我认为，这应该就是乔尔乔涅所画《三位哲学家》（*Tre filosofi*）中最年轻的那一位的眼睛（见第72页）：他对自己的力量充满信心，双眼紧盯山洞前，俨然准备好探索这庞大的丛林并描绘它。出现在他面前的的确是未知的深渊，但并不是不可知的。

　　大自然是躁动不安的，它的每一个原子都充满能量，但始终处在运动中，处于永恒的变化中。从前岩石遍布的地方如今已是海洋，山峦被夷为平地，海洋干涸为平原，而总有不安的"眼睛"，想要深入了解一切。如果眼睛从未因无知而不安，它与观察的对象就永远没有任何共同之处，没有任何联系。达·芬奇的"眼睛"所看到的自然是以上帝创造的"数字、重量和尺寸"[《旧约·智慧篇》（*Sapienza*），11，20]*这一形式体现出来的，如果不是"数学家"就无法理解他的科学。尽管"神圣的比例"这一概念是达·芬奇从卢卡·帕乔利的作品中有所了解并加以详细说明，但其根源却在阿尔伯蒂的《论绘画》（*De pictura*）中，这部作品与《论建筑》紧密相关，传达了"为真理创作"的思想——这也是瓦拉所著《辩证法驳议》（*Dialectica*）中的箴言，而这部作品和阿尔伯蒂的早期作品（或许也是最令人印象深刻的作品）是同期创作的。真理的真实面目仍然是未知的，哲学和语文学始终保持紧密结合以研究真理。作为探究者，我们的思绪无法停歇，而在思绪的涌动中呈现的"有限中的无限"，是永远不能被完全征服的，只能化为精确的计算和衡量。而存在的宗教性，也在这样一种"惊奇"、这样一个巨大的奇迹中逐渐被唤醒、复苏，甚至带有末世论的色彩："世间没有任何不会被折磨和毁灭的事物"，"大地啊，你还要等待什么才会开启深渊，将人类从深渊的裂缝中抛向渊底？"在这些作者的身上汇聚了科学、限度与

---

* 基督教对《智慧篇》的正典地位有争议，天主教会和部分东正教会等承认其正典地位，但新教存疑，以之为次经，其中有的宗派的《圣经》中不包含次经。——编者注

存在的悲剧感，并且形成了他们的思想链条，但在这条链条上的并不是零散的情绪（Stimmung），而是一种将它们串联起来的哲学，这种哲学试图构建一种"逻各斯"，能够以透视结构的严密和力量来看待"陷入存在深处的神秘、恐惧与破坏性的特征"[28]。

第五章

难以实现的和平

∽

　　文艺复兴时期的人文主义思潮，真的与新柏拉图主义的基调完全相悖吗？或许，我们可以借用阿比·瓦尔堡成功的图像学再现这一特点，再没有和这个时代一样的、由不同色彩和不同材质的丝线编织而成的精美"挂毯"了*。在研究相关问题时，新柏拉图主义和人文主义的观点其实并不相悖。首先，要理解新柏拉图主义本身无处不在的冲突：一方面是内在的冲突，另一方面是因与亚里士多德主义和基督教神学不可避免的对峙而产生的冲突；其次，需要阅读皮科（康科迪亚伯爵）《论人的尊严》（*Oratio de hominis dignitate*）——对一个时代各个方面的总结性论述——中的弦外之音，这部作品与他的《九百则论题》（*Conclusiones nongentae*）密不可分。皮科这位博学多闻而又不居高自傲的青年才俊，成了一场具有非凡力量的思想变革的见证

━━━━━━━━━━

*作为文化历史学家和艺术史鉴赏家，阿比·瓦尔堡在图像研究方面颇有造诣。他认为，图像是一种人类学现象的创始元素，带有一种文化和特定历史时刻的痕迹。并且，他在文艺复兴时期的艺术作品中观察到一种古典模式，即 Nachleben der Antike（古典的遗存）。这一古典模式被视为艺术家可利用的媒介，通过它可以展现出一种悲怆感和戏剧张力，从而打破莱辛所说的诗歌和绘画之间的限制。——译者注

者。作为哲学与神学思想的基础，皮科将传统和权威放在"平等"的位置上，将它们与精妙的"组合的艺术"（arte combinatoria）和行动的自由放在一起，进行讨论与比较。然而，他仍以严谨的语文学视角审视文本，以调查、阐释为主要研究方法，与此同时，他的思考中也一直带有一种难以平息的怀疑论调。最重要的是，要理解在《论人的尊严》中是如何进行大胆的尝试的——将新柏拉图式的人的形象（没有用言语美化的人的形象），与阿尔伯蒂笔下所描绘的悲剧的形象相结合。

人是伟大的奇迹（magnum miraculum）。但仅靠赫耳墨斯主义的这些传统解释并不足以使人信服，它们所坚持的人类中心主义与它们围绕宇宙的本质和秩序所表达的实质上静态和等级化的愿景并不一致，它们将人视为时间和永恒之间、精神和感性之间的纽带和中介。所有的决定论，在人这一真正的伟大奇迹的突破之下都破灭了。在达·芬奇式的思绪中心而非自然的中心，有一个"不受任何约束"（nullis angustiis cohercitus）的存在，其幸福便是神的恩赐让幸福存在于"他所想要的事物"（id esse quod velit）之中。人，是唯一为了重塑自己而被创造的存在；人，是唯一"不断寻求新生"（玛丽亚·赞布拉诺）的实体。这就导致颠覆了古典伦理学的观念——它认为人的本性会召唤人类"成为自己"，人需要听从这一"命令"，去完成使命。而新的"命令"是"成为你想要成为的，你选择成为的，或者你觉得必须成为的"。自由，其实是一份巨大的礼物，因为在自由的驱使下，人类所追求的目标永远不会被预先确定。我们会成为我们想要成为的，但我们的渴望在不断变化。人的变化与世界的变化一样，是朝着两个方向的：正如柏拉图主义所认为的，人具有通达上帝的能力，是能够"与神合一"的存在，甚至能够"被上帝（至高无上的父亲）氤氲寂寥的雾气所笼罩"，从而到达与神同在的境界；然而，人的存在中所包含的其他特质之源也与之共存，随成长而显现，随时有可能使人变为在地上爬行的野蛮人。皮科反复强调要回归人本身，唤醒自己的高尚之源，当然，同时也包括使自己痛苦的根源。[1] 人是一个有多种可能的存在，而人的自由，意味着对存在的各种可能性持包容态度。人不像其他存在一样，有固定的存在形式，人是"无家可归"的，就像柏拉图所说的"厄洛斯"（Eros）*一样，他既没有一张具体的面孔，也没有一个特定形象。厄洛斯可以随心所欲地选择自身的样貌。阿尔伯蒂的作品中也曾多次出现类似于"变

---

*即爱欲。——编者注

色龙"的人，他们在神话中以外形处于永恒变化之中的普罗透斯（Proteo）[2]的形象呈现；他们是自身的创造者、塑造者（即掩饰者、伪装者）。如果说在对"人"的定义上有不同论调，那么《摩墨斯》和《席间谈话》中对人的描述（两部作品的共同点：都描绘了类似于"变色龙"的人）就极具尖刻讽刺的色彩。如果自由是人的存在的重要标志，那么这种存在既不能被定义为能够支配客观现实的权力中心，也不能被定义为纵横捭阖、统筹兼顾各个维度的"教宗"。[3]存在，在人看来，不过是一项任务，甚至是一种受世界秩序支配的永恒的"实验"。皮科也像阿尔伯蒂一样，他的灵魂永远处于实践与追寻之中，蒙田也是如此，他们并没有想到这种探索可能会结束。总之，经过一次又一次非凡的探索，所有的不和谐都会归到同一种和谐的形式中。

阿尔伯蒂和马基雅维利都认为，我们的思想"总是要遵循自然特性才能得以理解，不允许我们违背它所捍卫的习惯与天性"（*L'Asino*, I, vv. 88—90）。他们认为人生是上天的"判决"，人获得神性、达到"升到天国"的状态的可能性微乎其微。这与皮科提出的"人具有神性"的观点相左，马基雅维利所写的《致皮耶罗·索德里尼的信》证明了这一观点的悲剧性：人不能控制自己的本性，而只能通过"适应"事物的各种秩序前行。关于这一"行为"是否能够成功，我们仍未可知：因为同样的行为，可能会导致好的结果，也可能会导致坏的结果；道德演化遵循"目标异质性法则"（eterogenesi dei fini）*；人和国家，总是独断专行，怙恶不悛。对此，唯一的答案便是——"我不知道"。然而，马基雅维利并没有像圭契阿迪尼一样，肯定"偶然性"的首要地位。马基雅维利对人类的本性感到失望（马基雅维利更为激烈地鞭挞人性，而圭契阿迪尼仍然认为人的身上存在一种天然的向善倾向），圭契阿迪尼则认为，那些哲学家和神学家说了无数的胡话、蠢话，"实际上，人类对这些东西一无所知"（*Ricordi*, 125）。如果在无数的面具中，哪怕有一个能够代表人性，并且"过去与现在存在于世的东西，将来也会存在"（*Ricordi*, 76），那么它就应当充分具备了古典研究的示范价值，同时能够向我们展示那些规律，并帮助我们在此基础上对未来进行有根据的合理推测。

皮科想要追求的目标——神圣事物的真实启示，是建立真正的和平或和谐的基础，但它永远无法解决人类本性复杂、矛盾的根源。即使是救恩历史的结束也不过是一种

---

* 这一术语出自实验心理学之父威廉·冯特。冯特提出，历史进步不是凭借超然的天意或个人、群体有意的目的而实现的，而是意志和客观条件的结合、对比的结果。——译者注

可能性，几乎与狂热的、坚持不懈的研究息息相关，与通过和所有大师、所有哲学流派、自然哲学，以及源自不同传统和文明的神学不断的对话而进行自我完善密切联系。"神的恩典的帮助"（Gratia adiuvante）呢？如何在这一论述的逻辑中肯定它的存在？如果上帝已经将我们不可逆转地置于自己的手中，接下来他又会做什么？会像追求完美的钟表匠一样，引领拥有确定居所、姓名和面容的创造物，或是只默默观察人的情感和行为，等待人的"皈依"（就像寓言里思念儿子的父亲，在给予他自由继承人的身份后，只需等待儿子的归来）？但倘若没有另一个奇迹——神的助力，人作为自身的塑造者、伪装者，又怎能除了借助《圣经》中的炽天使（Serafini）、智天使（Cherubini）和座天使（Troni）的力量以外，仅凭自己的力量就能升上天呢？[*]人又怎么能将理智从潜能变为现实，从而在尘世感知到"不可见的神"（invisibilia Dei）呢？神意给我们的指引是否只有一次？皮科坚称："我们想做的，都能做到。"在这里，开启了一场非凡的智慧之旅：心灵陶醉于苏格拉底带来的灵感；缪斯在酒神的指引下激发灵感；等待人们践行的德尔斐

---

[*] 基督教中，三组九阶级天使的划分如下：上三级（神圣的阶级）有炽天使、智天使、座天使；中三级（子的阶级）有主天使、力天使、能天使；下三级（圣灵的阶级）有权天使、大天使、天使。——编者注

箴言*;《斐多篇》里，苏格拉底仍然欠医神"一只公鸡"。雅各的天梯变成了借助辩证法和自然哲学达到至圣神学真正安宁平和的状态。辩证法是思想之间的交织与融汇，而非激烈的言辞与强辩的演绎推理之间的较量。自然哲学（尽管这一自然是纷争不息的）也能平息不同观点的争论，让我们能够如赫拉克利特所愿，理解自然的本质统一性，即协调所有对立面的"共同的逻各斯"。简而言之，这就是哲学运转的模式：在审视一切的同时也将一切撕碎和分解，将巨大的一化为多，之后又将这些碎片整合，将多化为一（这正是逻各斯的本义）。因此哲学逐渐上升到至高无上的境界，到达天梯的顶端——神学的幸福境界。牧首**和各级天使虽然经常被援引，但似乎也是一种以神学逻辑进行的哲学研究的隐喻和展示形式（皮科的研究的确非凡）。这种哲学研究是实现真正、永久安宁的唯一途径，可以让人获得毕达哥拉斯式的和谐关系："噢，长老们，我们内部的矛盾有很多，我们不只有城中之战，而且有严酷的家中内战。若我们渴望不再如此……只有哲学能平复我们内在的烦扰，使我们归

---

* 德尔斐箴言起源于公元前六世纪，是蕴含了古希腊人智慧和品格教导的许多戒律。这些箴言来自德尔斐阿波罗神庙的神谕，并且由古希腊七贤书面成文。——译者注

** 即宗主教，在东正教中按习惯译为牧首，是早期基督教在一些主要城市如罗马、君士坦丁堡、耶路撒冷、亚历山大和安条克的主教的称号。——译者注

于平静。"（《论人的尊严》）不可否认，皮科所说的重点是哲学，但这本身并不意味着它与宗教哲学这一表述有所冲突，不仅如此，他还为相关核心论述提供了最基础的术语。

哪一种哲学能够承担如此之重的责任？冥想和沉思如何获得至高无上的荣耀，成为荣耀的王者？只有当每一种传统和流派通过展示深藏于其中的主要相似性，被它们错误的"偶然性"所修正时，才能实现这一点。真正的哲学的核心思想是通过一根弦进行调和并维持和谐的，这些哲学是对共同的"爱欲"的不同表达。就像阿尔伯蒂对待古罗马的建筑和遗迹的态度一样，应当将其纳入考虑范围，并对其进行对照与衡量，目的不是总结出单一化的抽象原则，而是促进彼此之间的和谐共存。它们的根源就是和平。而重新发现这一根源则会为我们今天的和平指明道路。但这需要我们对它们的内涵有直接的了解，然后使其重焕生机：仅仅克服教条主义是不够的，这些教条主义可能会再次限制知识，由那些精通它们的学者提出调和的方案（这是其中的大多数人早就认可的方案，但没有人进行充分证明）也是不够的；也不能只停留在希腊、拉丁、阿拉伯和犹太的亚里士多德与柏拉图主义者之间的比较；此外，即使从最古老的神学，从俄耳甫斯，从琐罗亚斯德和赫耳墨斯，再到柏拉图去追溯那条"金链"，并以新的表达展示"哲学蕴藏于神意的作品中"，但在大体上仍然遵循克莱门特和奥利金的传统路线[4]，也不能履行皮科对展示"至高至圣的哲学"所感到的崇高责任。总而言之，这不是要在菲奇诺思想的基础上增加新的论点或内容的问题，显然也不是要表达语文学的需求。我们需要做的，是理解所有不同传统自我表达的语言，否则就无法吸收它们的思想。需要不断转变的是观察角度和采用的方法。菲奇诺思想的理论基础——目的论——十分明确：柏拉图学说的精华和基督教神学的精华之间的完美协调让智慧与宗教和谐共处，而这也是实现世俗安宁的基石。[5]这一愿景在皮科的哲学思想中得到了扩展，而不是仅仅通过添加其他文本和其他传统。柏拉图主义虽然举足轻重，但它只是所有思想交响中的一个元素。它的思想与基督教神学，甚至与基督本人，即"神圣哲学的活书"[菲奇诺，《论基督宗教》（*De christiana religione*），XXIII]的一致性也有所转变：最初作为基督教神学基础的柏拉图主义沦为了菲奇诺（曾被任命为神父）眼中组成整体的一个元素。*菲奇诺是研究这一问题的重要人物，其研究的首要要

---

* 柏拉图主义在后来的发展中由基督教教父奥古斯丁改造，成为基督教的哲学论证，服务于神学教义。——译者注

求是不把信仰和理性分开，这种要求有着丰富的哲学、历史和政治内涵，也是他反阿威罗伊主义论战的基础。而皮科的《论人的尊严》则侧重于研究神学，他认为神学是哲学道路的终点，而更重要的是，在他的这种调和的思想中，似乎完全没有像菲奇诺那样预设基督教的绝对性、完美性和普遍性（尽管其中也有对后世影响深远的思想，比如让·博丹"宗教宽容"的思想，这也是现代国家建设的基础）。[6]

在只有一种宗教的基础上，不可能得出"结论"。《论人的尊严》中的哲学人类学，其主要目的是将人类的存在表达为无限的可能性，这就必然涉及这样一种观念：一个时代、一种文化、一种语言展现的只是存在的一种形式。皮科是这样开创自己的思想之路的："任何话都不要照单全收，要自己去思考真理"，要"结识所有大师，研究所有视角，了解所有学派"，要学会欣赏所有人的长处，没有绝对的权威。不同的声音代表着不同的历史，而人的存在总是需要面向这些声音；需要收集它们，研究它们，并根据这些声音得出结论；人有责任将它们保存下来，让它们在活跃且富有想象力的记忆里存活，与此同时，人也要不断前进，超越已有的结论，构建自己的道路。在《九百则论题》中，皮科故意使用了"巴黎俚语"，这与《论人的尊严》里的高雅语言不同（这也是为了证明，最老练的哲学家能够把最高的修辞升华为说服的艺术），皮科在试图证明"用不同的声音发声"的可行性。《九百则论题》形似迷宫，各种学说围绕着中心主题，按照亲疏远近排列，如同喀斯特式地貌的形态，层层堆叠。此书具有一种先验思想，它似乎并未试图基于原本的体系进行重构，但是其中却有一条线索可循，它不仅仅是从"他人"的观点里"根据个人主张得出结论"，这种主张的表达和哲学家、神学家常见的说话方式完全不同；它是自相矛盾的，尽管与一般的表达方式不同，但也具有"他人"观点的相同倾向。前文提到的雅各的天梯，能够引领人达到哲学的最高境界，然而，贯穿其中的"爱的狂喜"的最终表达，却并不是我们所期望的柏拉图式的表达。与柏拉图学说有关的六十二个论题中，第五十八个所描述的哲学"追寻"的最终境界，就是达到理智的充实之后所获得的宁静（或者说由主动理智通过感性形象将物体的本质或形式转化为行动并由被动理智进行认识所带来的幸福，皮科认为，这是柏拉图和亚里士多德思想之间具有一致性的原因）[7]。哲学的"追逐"仍要继续，确切地说，这需要通过其他"未被听到的"和令人不安的声音，来更充分地进行自我表达。此外，需要试图理解唤醒这些声音的哲学实例，比如在柏拉图和迦勒底的琐罗亚斯德之后，为什么"魔法"得到了更大发展？为什么这里是自然的"魔法"主导一切，而不是肉体物质实体的研究（体现在全部的身体器官之中）？虽然"魔法"看似是自然科学中最崇高的部分，但人们期望它的研究仅停留在基本的理论沉思层面。这是一般人对"魔法"的认识，而不是皮科的悖论。"魔法"是力量，是爱，是能够付诸实践的美德，它能够将"以种子的形式"分散在天上和地上的一切结合起来，转化为能量。我个人认为，"魔法"部分是《九百则论题》的哲学核心。人与世界的统一只有通过实践才能实现。哲学之梯的攀登，不是在于抽象的纯理论的研究——对存在的纯理解，而在于借助知识将其付诸实践，在实践中达到完美，不仅要连接世界，更要展现在时间和永恒的视角下的整个自然。可以说，魔法懂得"观万物于永恒相中"，因此它能在存在中运作，并根据存在的本性从它身上汲取包含在其种子中的所有能量。从"懂得"到"能够"这一过程的实际可能性，以及"我想"与"我能"之间调和的完美的典型，最终使皮科走向了卡巴拉思想*，因此，在《九百则论题》中也

---

* 卡巴拉是犹太神秘主义中的一种思想，用来解释永恒的造物主与有限的宇宙之间的关系。而卡巴拉生命之树是"卡巴拉"思想的核心。——译者注

有关于卡巴拉思想的内容，在最后一部分可以找到。[8]

　　从宗教和神学层面来说，这种诠释方式与皮科的卡巴拉思想并无任何冲突。菲奇诺构建的"金链"中，则缺乏卡巴拉这一传统思想，而皮科认为它是菲奇诺这位大师思想的局限性和普遍缺陷所在。皮科认为如果没有卡巴拉思想，"一切的论断"（complexio omnium）都无法被理解，包括将一切事物包含在每一个个体中、由这些个体组成的"一"，以及这一整体与超本质的"一"的关系。没有卡巴拉，就不能达到爱欲的狂喜的顶峰。没有卡巴拉，这一整体中人所具有的预言能力和潜在的"复原"能力（"复原"能力在哲学上意味着主动理智与被动理智的重新结合）就必然被忽视。最后，是卡巴拉在其艺术领域使用了最强大的魔法："任何魔法如果不与卡巴拉相联系，都不会有任何效果。"皮科的卡巴拉，将菲奇诺的神学思想（它仍然停留于猜测某种预言性启示是否能实现）转变成了哲学神学本身颂扬魔法和预言的象征。这不仅仅是揭示普世智慧面貌的核心，不仅仅是使我们确信基督神性的必要因素，它甚至能够让我们生出一种能与上帝（Primo Agente）比拟的行事能力：正是借助这种行事能力，我们得以"找到先前无法通过调和找到的原因"。这种能力能够超越任何传统魔法或神学力量。因此，在卡巴拉的研究里，我们并未看到它拘泥于一种特定的学科，无论某个学科有多么伟大，多么有概括性。卡巴拉揭示了精神的维度，而在这个维度中，它打破并颠覆了某种特定知识的局限性。一切抽象的分离都不复存在，而且卡巴拉的智慧，不仅是交织各种思想的辩证法，更是一种继承、完善每一种智慧的伟大作品的力量。这就是《九百则论题》迷宫般结构出现的原因，谁能以批判的眼光看待它，就会找到最终的目的地。

人本身就是奇迹，因为人具有创造奇迹的能力，但是这种能力也会带来相反的结果。人能够获得卡巴拉的力量，也可能沦为无能的残暴之人，这两种可能性是共存的。人有三种基本的"性"：兽性、人性、神性。它们存在于属于人类的"种子"的深处，即使是卡巴拉的力量，也无法抹去它们的存在。人类拥有的创造的自由（或似乎能创造）是这样的：人想模仿万物，却无人懂得如何模仿生命；每一个人都知道如何拥有这种自由，但是这种自由却永远无法摆脱其复杂的起源。存在的可能性，让人永远无法以某一种面貌定义自己，因此即使是卡巴拉向我们揭示的可以实现的面貌，也不可能。在《论人的尊严》的修辞张力里，有一种超越的渴望在躁动，希望找到好与坏之间的界限，以此确保我们在理解了"好"之后，不会有在"坏"中迷失的危险。然而，柏拉图的教育理念虽然体现了这一界限，但并不能让人臻于完美。马基雅维利早就意识到了这一悲剧结局，他认为"人类的智慧"只会让人变坏。相反，有人却认为人类也能够利用宇宙中的不朽力量，让自身成长。但是，如果说人会永远固定在宇宙这一维度，就否认了自由和可能性之间不可分割的联系。卡巴拉的思想，意味着不间断的探索，它所展现的魔法需要不断地重新获得。我们需要做出决定，然而，随之而来的不确定性凌驾于所有的确定性之上，即使是再坚实的学说，其深处也能感受到这种不确定。我们需要避免无条件的自由，避免自我指涉的人类中心主义，但是很多哲学学派至今仍然在犯类似的错误。与这些错误相反，《论人的尊严》和《九百则论题》似乎调用了所有智慧，以帮助理解存在的不完美，以及它的多种可能性，从而消除来自我们灵魂深处的不和谐。永远不要将《论人的尊严》中年轻人希望建立一种新秩序——其中结合了"皈依"与"悔改"的概念——的强烈渴望与忧郁天使的形象相分离。这些元素之间的差异，说明了这个时代极其复杂的特性。而这一点恰好在皮科的作品中有所体现，在一种激情与狂热的驱使下，皮科开始了创作，为其之后与最尊敬的罗马教宗进行"斗争"（尽管这样的战斗是无果的）积蓄力量。在丢勒的铜版画《忧郁 I 》（*Melencholia I*）[9]里，冥思苦想的天使正在尝试解读彗星预示的未来和结局，同时天使也代表了失望和失意。画中伴随着忧郁天使的所有元素，象征着不透彻的探索和不断失败的尝试所带来的痛苦感受。"只有遭遇过海难，才能更好地航行。"即使是菲奇诺，也不是完全属于"忧郁的守护之神"土星的，因为菲奇诺的思想与主管天文的女神乌拉尼亚、沉思的维纳斯所代表的金星，以及赫耳墨斯的水星[10]，也有密切的联系。天使是一种双面神（Giano）*——忧郁却充满爱意地进行着研究。

因此，用"多元化"来界定《论人的尊严》中所表达的思想[11]，似乎是颇为肤浅的。准确地说，这是不同理论的调和，作者试图从普遍性中寻找各种智慧和谐共处的可能。[12]这种调和并不意味着折中主义，它传达了一种精确的指导性思想：在宗派方面，不能只明确一条真理之路，而排斥其他所有的道路，真理不是一种思想"实体"，也不是

---

* 雅努斯·比弗隆斯（Ianus Bifrons）是古代拉丁人和罗马人最古老的神灵之一，是象征着世间万物的开始的天门神。他的头部前后有两副面孔：向前的一副老年人的面孔面向未来，而向后的一副青年人的面孔则面向过去。他也因此被称作"双面神"，他能够同时看向未来和过去，代表着时间的流逝和季节的轮回。——译者注

一种话语的秩序，而是一种对人这一非凡存在的力量、实践能力与"魔力"得到实现的认知。从一方面来看，真理的概念会让人不可避免地联想到库萨的尼古拉的猜想[13]；另一方面，它打开了通向布鲁诺的视角。皮科的新柏拉图主义既是一种危机的象征，也是一种过渡。他本人也意识到了这一点，从他与菲奇诺不那么友好的争论中就能看出来。欧金尼奥·加林认为菲奇诺的思想更多的是调和，而不是选择。实际上，如果我们沿着他研究的主线——调和柏拉图主义和基督教的这条道路——深入研究，就会发现菲奇诺的思想中也不乏"决定"。比如，尽管亚里士多德也是智者，菲奇诺从更宽泛的角度将他定义为一位自然哲学家 [《柏拉图的神学》(*Theologia platonica*)，VI，1，7]。而皮科所寻求的柏拉图和亚里士多德之间的调和，与菲奇诺的有很大的区别，它的含义更为丰富，然而却并没有真正实现。我们只需将《九百则论题》中关于灵魂的讨论这一内容体现的问题与《柏拉图的神学》中的一些论证——对亚里士多德《论灵魂》(*De anima*)重要段落的评论，以及对亚历山大和阿威罗伊的驳斥——的薄弱性进行比较即可。[14]菲奇诺选择了他认为最深刻地吸收了赫耳墨斯主义和迦勒底传统的新柏拉图主义（他在给贝萨里翁的信中写道：柏拉图的金子只有在普罗提诺、波菲利、杨布利柯、普罗克洛的火焰中才能充分闪耀[15]），并试图将其与基督的启示相融合，同时，几乎抛开了不同学派已经在碰撞中爆发出的冲突和矛盾。时代结束的迹象渐渐浮现，皮科已经成长了。但因为当时所有反传统的思想都随着萨伏那洛拉危机而爆发，皮科没能再对此进行深入研究。[*]

从根本上来说，菲奇诺的所有论断都不足以构建能真正产生"和平"的哲学。尽管他的哲学或许是对和平的赞歌，但是他的哲学并不能展示和平的"魔法"：仅仅反对阿威罗伊主义，认为只有上帝的主动理智是固有的，认为主动理智和被动理智是同一个体灵魂的两个部分，是不够的，还需要说明这种统一性是如何表现出来的。从基督教的角度看，如果灵魂能够接近上帝，那么灵魂也能够回到它的起源之处，就像听从上帝安排的万物一样。但这是基于哪种教义、通过哪些操作进行的？新柏拉图主义认为，"除了神圣理智之外，没有其他任何创造物"直接来源于上

---

[*] 萨伏那洛拉，十五世纪意大利宗教改革家，反对文艺复兴时期的艺术和哲学，于1497年领导了宗教改革，焚烧艺术品和非宗教类书籍，包括薄伽丘的《十日谈》、彼特拉克的作品和许多优秀的绘画、雕刻等。——译者注

帝（即普罗提诺的"努斯"）*，而只有从神圣理智中，才能产生所有的结果与"诸次因"（causae secundae）[皮科，《〈爱从何而来〉注疏》（*Commento sopra una canzone de amore*）]。《论基督宗教》的本质是对基督教教义的辩护，因此它无法解决柏拉图主义和亚里士多德主义在论战中所面临的困境。它甚至也无法满足自身的"自辩"需求：比如，对没有提及教会里的圣秩这一点作何解释？[16]

　　而在关于爱欲的哲学里，菲奇诺也提出了类似观点。爱欲问题是菲奇诺研究的根本，它是具有强大力量的"联结"，是唯一真实的魔法[17]，这种联结甚至能够改变"创造万物"的神的心智（正是这种爱让但丁战胜了存在于自身的神的意志！）。菲奇诺自然而然地肯定了爱欲（爱欲是神的灵感中最高贵的）与圣爱之间的和谐关系。圣爱与《论柏拉图式的爱：柏拉图〈会饮篇〉义疏》（*De amore: Commentarium in Convivium Platonis*）中的智慧、虔敬的概念有关，是启发美的神性之光，它会以爱欲的冲动，让人的灵魂走向神，直到与神和解而获得永恒的快乐（尽管今生从未实现完美的和谐）。这种和谐的辩证法，是菲奇诺具有乌

---

* 此处的"努斯"指普罗提诺三体论——"太一""理智""灵魂"中的"理智"。普罗提诺认为，"太一"是万物之源，"理智"从"太一"中流溢而来，而"灵魂"的影像则从运动中产生，再通过另一种向下的运动产生肖像。——编者注

托邦特征的人文主义的象征，但它无法满足皮科苛刻的哲学体系的要求。皮科认为，不能把"爱"这个词用在上帝身上，因为这个词是用来指代被造物的自然本性——走向造物主并享受造物主的恩泽。就像柏拉图所说，爱是残缺的。这些爱的模式不尽相同，也"令人生厌"：在人类的爱中，爱的人"需要被爱的东西，并从他——被爱者——那里，获得自身的完美"（*Commento sopra una canzone de amore*, II, 2）；而在神圣的爱（如果可以这样定义）中，爱的人只给予却无所获，因为神不需要也不渴望任何东西。最后，我们的爱也必然是偶然的，并且它不可能发生在上帝与被造物的关系中。从皮科的这一立场，可以明显看出他对与菲奇诺所强调的"在自身之外传播"（extra se propagare）的圣爱［《论柏拉图式的爱》（*De amore*），III，2］有关的人类中心主义决定论元素和简单的类推所持的反对态度，认为通过圣爱，上帝甚至夸大了自身的"完美"。

甚至连"美"这个词也不能精确地指代上帝，因为现实中的美都是有缺憾的。即使是最完美的"和谐"，也是不同元素组合的结果，这就意味着它包含着对比与反差。美是"对立的统一、不和谐的协调……敌意的友好化、在冲突中构建和谐"（*Commento sopra una canzone de amore*, II, 8）。因此，爱神对火神的爱，也意味着毁灭与沉沦，无论她多么成功地让爱平静、驯服爱，也永远无法完全摒除内心的激荡。所以，菲奇诺的美学理念似乎过于"浅显"。菲奇诺通过"艰苦的努力"构建人性，人性却仍无法触及神性的美，而这种美唯有在达到极致时，才会与神圣的善相吻合。围绕着美的"在冲突中构建和谐"[18]这一理念，我们如何能忘记阿尔伯蒂的学说和艺术也与库萨的尼古拉的朋友、伟大的数学家托斯卡内利的思想相通呢？菲奇诺主张将基督教信仰与柏拉图哲学相结合，皮科却对二者进行了严苛的分析和区分。两人在主动理智与被动理智之间的关系问题、关于爱的讨论上也有分歧，其中皮科的思想带有很明显的阿威罗伊主义色彩。

但是，如果柏拉图主义试图与亚里士多德主义达成一致，试图将由两者调和而产生的哲学置于思想传统的核心——这种思想传统是由古代神学到基督启示，甚至到卡巴拉思想所启发的诠释学组成的，那么柏拉图主义面临的根本问题是本体与太一的问题。尽管《九百则论题》中的大部分是与普罗克洛的思想有关的，但是，皮科在他的哲学杰作《论本体与太一》(*De ente et uno*)[19]中却提出了很多反对普罗克洛的观点。皮科从关键点〔即新柏拉图主义者眼中的神圣作品——《巴门尼德篇》(*Parmenide*)]出发展开论述,他认为,《巴门尼德篇》似乎只是一次辩证法的练习(gymnasion logikon)。显然,这是对柏拉图对话第一组假设的"神秘"注解的批判,对皮科而言,这是调和柏拉图与亚里士多德的必要条件。如果将"一"理解为"高于存在的一"(菲奇诺在其《〈巴门尼德篇〉注疏》中就是如此理解的,与皮科的观点不同),它就应该高于上帝本身,最后不再属于"存在"的范畴。然而在此基础上皮科并没有在如何证明上帝就是最高实体这一问题上得出结论。上帝并不是存在者,因为他是存在着的万物的本原,是存在者潜能中的完美的集合体,他的存在只能通过类比感知。唯一的上帝是完美的,他的形象不应当与任何一个偶性存在的形象重合,他本身也不具有任何确定性。因此,上帝不能被定义为某一个具体的存在(存在者),尽管他是至高无上的,是万物不变的驱动力、万物产生的本原(尽管上帝是以实体的形式存在,是属于自身、出于自身的存在本身)。上帝高于任何一种确定性,但我们并不能因此将其抽象为"一",他是纯粹的、不可言说的(arrethon),他是万事万物的本原(而非某个具体存在的本原),他自身先验地包含了存在的每一种潜能、对存在的每一种可能的预测。

在这个意义上，皮科的七十一个"个人主张"（secundum opinionem propriam）的第七十个论断带来的启示是：巴门尼德所认为的一不是绝对的一，而是"存在的一"，因此"一"在这里被理解成了存在本身的个体性（存在者）。而作为"一"的上帝的个体性，在于他的存在是"无限"的本原。在这里，我们不就能看到布鲁诺所认同的"上帝或自然"（Deus sive natura）和无限的、高于存在的"一"之间的对立了吗？

皮科之所以提出这种新颖的见解，其目的不仅是为了在理论上调和柏拉图主义和亚里士多德主义，而且要在两种思想传统的内部调和可能会破坏两者和谐关系的观点。[20]亚里士多德的神学本体理论中，"一"和"无"大体是一致的，这与新柏拉图主义的观点完全相悖。如果"一"只是作为众生的集合体而存在，并且它的概念被简化为世界或自然的概念，或者，如果"一"是指每个存在的存在属性，从本质上以语法逻辑的术语来展现它，也是同样的道理。另一方面，皮科非常清楚基于"绝对的一"这一理念的柏拉图式神学注定迎来悲剧的结局。它会令人把"无"理解为高于上帝本身的"力量"，导致人们把"本原"——一切具体的存在——与高于存在的上帝分离，而上帝本应高于任何具体的存在形式，这样就催生了一种不可逾越的二元论模式，人们试图用神话的形式来掩盖从一到多的发散过程，却发现难以实现。而皮科的"存在的一"，引入了上帝（"一"）的"圣子"，因为上帝自身是不可言说的（他基本参考了狄奥尼修斯的观点）。"圣子"和神圣的最高存在的关系，就像"理念"的纯粹性与它的表达一样，是密不可分的。这样便可以获得"存在类比统一性"（analogia entis），而不是使用司各特主义和奥卡姆主义里的以经院哲学为基础，拆解"存在"（essere）一词的方法（皮科对此十分了解）。而恰恰是因为存在和一之间相互包含，才肯定了神圣的一的存在，即使它并不取决于每个有限的存在所特有的"存在的个体性"（haecceitas），而是统一各类完美的完美存在，是"可想象的最伟大的存在"。最后，皮科认为，只有从这个角度出发，才有可能思考这种哲学智慧与基督的启示之间的关系。任何对亚里士多德主义和柏拉图主义的不同阐释，最终都会把它们置于与犹太教和基督教传统相对立的位置，而这种对立只会将智慧与虔诚分离，让可以通过哲学文献掌握的真理，和那些只能通过启示或神秘的直觉来掌握的真理之间产生了不可逾越的鸿沟。这一切的结局就是"和平"这一理念的破灭。

同样重要的是理解皮科在《论本体与太一》中，是如何处理"一"、存在者和"多"之间的关系问题的，理解这一处理方式是如何与皮科所代表的基本思想传统"卡巴拉"相调和的。他对卡巴拉的解释，与他对"真正的"柏拉图主义的解释如出一辙："一"是各部分的总和，与各部分共存，将它们联系在一起或作为它们的象征；由"源质"（Sephirot）组成的卡巴拉生命之树，代表着"无限的一"、"恩－索弗"（En Sof）*，恰如生命之树及其枝叶不可计数。皮科认为，卡巴拉主义传统已经调和了犹太教和基督教的矛盾，并经由约翰内斯·罗伊希林和弗朗切斯科·佐尔齐等人的传播，直到十六世纪末由弗朗切斯科·帕特里齐继续发展。因此，它也被认为是一神论启示和哲学智慧之间的桥梁。只有在满足这一点和这些条件的情况下，和平才是能够实现的。

这一思想极具历史和政治深度，而它也是我们正在破解的谜题的核心。但是，当皮科和菲奇诺围绕伟大的作品《巴门尼德篇》，使用各自的辩证法进行争辩时，这一思想的不切实际性不是已经显而易见了吗？希腊人肯定没有

---

* 这是一种试图解释上帝整体本质及其在宇宙各个方面活动的概念，卡巴拉主义者假定宇宙中有一种类似原动力的神，他们将其命名为"恩－索弗"，恩－索弗先于造物主而存在。——译者注

像贝诺佐·戈佐利在美第奇宫里的《三王来拜》(*Corteo dei Magi*)[21]中所描绘的那样，在众多施洗者、在长篇序言的研究和译文的预示下，出现在意大利的托斯卡纳，对基督教的至福满怀向往（见第73页）。希腊人所带来的，更多的是刀剑，而非和平。他们本身就傲睨自若，分属不同流派，而对拉丁人的思想，他们更是以激烈的言辞相驳。而与此同时，在语文学层面，围绕格弥斯托士·卜列东这一人物的分析则变得越来越细致入微，人们对他纯异教和反基督教的形象[22]提出了质疑。然而，我们在论述这一问题时，仍然需要坚定自己的基本立场。卜列东坚决否认了任何在柏拉图和亚里士多德之间、在柏拉图主义和基督教之间实现"和谐"的可能性。在《论柏拉图和亚里士多德之间的区别》(*De differentiis Platonis et Aristotelis*)中，他对亚里士多德主义的批评直指其形而上学的一个关键点：存在的多义性学说，而这也是经院哲学自身"存在类比统一性"*的基础。柏拉图的高明之处表现在他对"存在"和"存在者"的严格区分上，而卜列东则认为由此产生了灵魂和身体的二元对立性。但是，存在并不只是第一本质，卜列东的上帝是普罗克洛和

---

* 亚里士多德学说中存在两种类比，经院哲学将其命名为比例类比和归属类比，而归属类比被后人称为"存在类比统一性"。——译者注

大马士革乌斯的绝对"统一"［详见卜列东的著作《论唯一的上帝》（*Oratio ad unum Deum*）］，上帝的一切安排都出自必然。不存在偶然的事件，一切事物的出现都是由其必然性决定的，一切都产生于同一个本原，"从本质上说，这个本原具有最大的必然性"［《法律篇》（*Trattato delle Leggi*），II，6］。因此，把存在的方式说成是"偶性"的是亚里士多德最"严重"的错误之一（在和平乌托邦的构想宣告失败之后，亚里士多德却因"偶性"理论获得了圭契阿迪尼的称赞）。从这一点来看，结论立见：无论是基督教和亚里士多德主义的调和，还是和佛罗伦萨学园的新柏拉图主义的调和（新柏拉图主义内部之间就有着本质性的差异，明显可见），几乎是不可能实现的。佛罗伦萨学园认为意志自由是神的恩赐，是不可被剥夺的，与任何形式的决定论都相悖。若我们研究新柏拉图主义的代表人物，如彭波那齐，就会发现他在《论命运》一书中提出了与菲奇诺和皮科相对立的观点。在菲奇诺和皮科激烈的思想批判里，蕴藏着"恒星般的友谊"，两人一个标志着时代故事的开始，另一个则标志着时代故事的结束。

格弥斯托士·卜列东作品所处时代的历史、政治和宗教背景的悲剧性，在特拉布宗的乔治所写的《柏拉图与亚里士多德的比较》（*Comparatio Platonis et Aristotelis*）一书中对卜列东展开的激烈论辩里得到了充分体现。[23] 作者将批判的矛头直指柏拉图，而卜列东不过是柏拉图的"恶灵转世"。作者认为柏拉图式的人类愿景是不切实际的，《理想国》（Politeia）是一部极具专制色彩、缺乏自由精神的作品，作品里对修辞术的谴责是对人文研究中重要元素的抨击。但是，他抨击的核心不在于此，而是与卜列东的哲学思想有直接关联，即教会的教义基础——教会的统一性和普世权力。特拉布宗的乔治认为，柏拉图主义会导致教会教义基础的毁灭，而只有亚里士多德的形而上学才能拯救它。柏拉图主义正如拉丁语中带有讽刺意味的一句话的——"这里就是罗德岛，就在这里跳吧。"（Hic Rhodus, hic salta）* 因此，调和是不可能的。柏拉图主义是关于"一"的学说，因此，正如普罗克洛用他的《柏拉图的神学》所证明的那样，神的多元性也表现在它是高于存在的"一"的表达。而亚里士多德主义在提出最高实体与第二因之间的关系时，也为基督教唯一的形而上学流派提供了坚实的后盾，这样最高实体就指向了作为创造者、发号施令者的上帝，第二

---

* 这是《伊索寓言》里的一则寓言故事。有一个希腊人自诩跳得比任何人都远，连奥林匹克的冠军都不能与他抗衡。别人让他跳，他说只有在罗德岛才能做到，旁边的人对他说："这里就是罗德岛，就在这里跳吧。"这则寓言告诉我们不必以借口掩饰无能。——编者注

因就是由神操纵的天命及因果报应，其本身并不具有神性。卜列东的目的并不是在新哲学的基础上宣扬对基督教的改革，而是寻求一种柏拉图式的宗教，就像替代其他一神教传统一样来取代基督教。如果我们不想借助带有赫耳墨斯主义色彩的柏拉图主义，不只是在原有的基础上略微调整方向，就只能加强并调整亚里士多德主义和经院哲学之间的联系了。这一立场与菲奇诺的立场截然相反，他认为，与柏拉图主义之间的关系对基督教的发展至关重要，而这一关系是以"基督教神秘主义之父"狄奥尼修斯（菲奇诺称之为柏拉图主义者中的第一人[24]）为媒介的。简而言之，是神圣的天意，让我们领悟并重现与琐罗亚斯德、赫耳墨斯一起诞生，然后在俄耳甫斯的滋养下，在毕达哥拉斯的丰富中，由柏拉图完善，最终由普罗提诺揭示的虔诚哲学（pia philosophia）。或许这是旨在恢复古代的神魔崇拜，甚至破坏罗马教会力量的异端邪说？风云迭起，危机四伏，人们不得不面对抉择，这一切似乎是不可避免的。神学和哲学思想的冲突，在此时也具有划时代的历史和政治意义。

菲奇诺很清楚，卜列东的神学、形而上学和伦理学都不能助其在柏拉图神学和基督教宗教之间实现调和。虽然菲奇诺会求助于某些大师之作，却并不会用寓言性或故作高深的阐释来过度解读他们的作品。他只在《柏拉图的神学》当中提到过一次卜列东，为他对阿威罗伊的批判提供佐证。皮科在《论本体与太一》中将卜列东与弗拉维奥·克劳迪奥·朱利亚诺相联系，却并未作进一步的讨论。但是，可以肯定的是，围绕卜列东形象的辩论（涉及东方教会本身）——贝萨里翁曾在《驳谤柏拉图》(*In Calumniatorem Platonis*) 一书中与特拉布宗的乔治展开一场盛大的论战：此书于 1469 年出版，彼时菲奇诺刚刚开始提笔创作《柏拉图的神学》；以及此后相关研究者对此展开的一系列辩论，都无法使我们相信卜列东的激进思想已经在佛罗伦萨学园中销声匿迹。有两份特殊且著名的资料足以说明这一点：第一份是他以前的弟子贝萨里翁，在卜列东去世之际（1452 年，但卜列东的死亡日期以及贝萨里翁的书信日期仍有争议）寄给其子的悼词[25]：

> ……我已经知道，我们的父亲、我们共同的导师已经将尘世抛在身后，上了天堂，到了安宁的居所，伴着神秘的酒神赞歌，与奥林匹斯山的众神共舞。

第二份是菲奇诺在普罗提诺《九章集》(*Enneadi*) 译本

中致洛伦佐的一段题词（1492）：伟大的老科西莫，祖国之父，在为解决东西方教会的分歧而举行的佛罗伦萨大公会议期间，常常听人谈论卜列东，说他"就像另一个柏拉图，懂得解读柏拉图留下的谜题"。就这样，老科西莫被卜列东深邃的思想所吸引，并从中获得启发，"在他思想的深处，形成了一个学园的初步设想"。于是，在菲奇诺完成普罗提诺的拉丁文译本[26]的过程中，在天意的安排下，菲奇诺在卜列东的思想中发现他在一定程度上以异教的方式，继承了西吉斯蒙多·马拉泰斯塔的"反叛"传统。与此同时，卜列东周围的佛罗伦萨新柏拉图主义者却并未发声，因为他们认为卜列东的新异教主义，正是建立在普罗克洛和大马士革乌斯的、高于存在的"一"的概念上，这一思想并不会妨碍他们所寻求的与基督教的调和。他们将卜列东思想中的诸神解释为长青哲学（philosophia perennis）＊真理的外衣。另一方面，他们又无法接受卜列东对柏拉图政治哲学带有反共和主义色彩的解释，也不能接受《蒂迈欧篇》中关于必然性、命运和天意的解释，更不能接受卜列东思想

＊ 也被称为长青主义，这个词是意大利学者奥古斯丁·斯图科（1497—1548）利用菲奇诺和皮科的新柏拉图主义哲学创造的。长青哲学是一种宗教哲学观点，认为世界上的宗教传统被单一、普世的真理所统一，所有宗教的知识和教义都在此基础上发展。——译者注

里与基督教教义直接相悖的理念，如宇宙的永恒性、对审判日后复活的否定和灵魂转世等。

然而，在菲奇诺和贝萨里翁眼中，卜列东反对阿威罗伊主义者和亚历山大主义者的论战更为重要。阿威罗伊是他们共同的敌人，弗朗切斯科·佐尔齐在《论世界的和谐》（*De harmonia mundi*）中以严厉的口吻谴责他们，称其为"不虔诚的阿拉伯人"，"不忠诚的狗，吠叫着驳斥真理"，并在世纪末，再次受到弗朗切斯科·帕特里齐的严词抨击。（皮科并不憎恶这一学派，但重要的是他在《阿威罗伊篇》的四十一篇论题中，只在第二篇中明确提及了灵魂不死的问题，虽然只是附带提及："所有人都有一个理智的灵魂。"）而亚里士多德学派的学者认为理智总会消逝，这是人类这一物种的共同点，也就是说，他们在实质上否认灵魂的不朽性，这破坏了一切宗教的理论基础，因此也摧毁了基督教自身。事实上，正是在他们之中产生了新的哲学家（他们本身已经因彼特拉克的存在而感到十分不安），也将宗教视作纯粹的迷信，视为老妇人的寓言故事集。这种不虔诚的思想却传播甚广，其拥趸多为"才思敏锐之人"（其中最敏锐的彭波那齐，不久便会出现在大众视野里），仅凭信仰说教是无法与之抗衡的。也许仍然需要神圣的奇迹，来对抗不虔诚所带来的危险，这种危险已迫在眉睫，但同时更需要一种"懂得如何说服哲学家的宗教哲学"[27]。如果没有这种哲学的权威，才思敏锐之人最终将被唯一的理性论证的力量所征服；普罗大众则终将沦陷在蛊惑人心的迷信之中。从菲奇诺给乔瓦尼·潘诺尼奥*的重要信件，以及直到后来萨伏那洛拉危机发生前他所有最后的作品里，都带有一种阴郁的征兆，预示着这场斗争的结束，而这场斗争不仅是为了收集、虔诚地阅读古代文学和智慧的大师之作，更是为了在新的宗教哲学中协调语言、传统、学派、文明，并在它们之间缔造和平。但它们之间总有一种难以战胜的敌意，压制着每一种辩证艺术和每一种对话形式，使它们彼此走向分离。其实，这就是但丁在《飨宴》（*Convivio*）中所憧憬的天国的雅典学院。在那里，斯多葛派、亚里士多德学派甚至伊壁鸠鲁学派，都能在"为永恒的真理之光"（*Convivio*, III, 14—15）的引领下联合起来，但最终还是无法实现。同时，将佛罗伦萨变成"新雅典"的愿望，也逐渐走向幻灭。

这种躁动不安，构成了菲奇诺占星术著作的独特基

---

* 乔瓦尼·潘诺尼奥，又名雅努斯·潘诺尼乌斯，是匈牙利人文主义诗人。潘诺尼奥一名来自潘诺尼亚（Pannonia），大致范围是今天的匈牙利和罗马尼亚等地。——译者注

调。[28] 对占星术的研究，并非出于单纯的研究兴趣，也不是对古老传统的延续，而是与菲奇诺的赫耳墨斯主义紧密相连，他关于柏拉图的研究也带有赫耳墨斯主义的烙印。占星术是用来探究时代的危机和了解时代变化的意义的。当古代学说的真实性受到质疑时，当一个人在宇宙中摇摆不定、目的地模糊不清时，人们希冀从占星术中认识自己并找到答案。当理性本身无法依赖普罗米修斯主义（认为人类通过知识和技能干预自然有无限的可能）时，只能屈从于埃庇米修斯 * 的统治。具有神奇魔力的星辰将预示什么？它们会预示繁荣和健康，还是瘟疫和贫穷？它会像引领东方三博士的伯利恒之星［菲奇诺，《论东方三博士之星》（*De stella magorum*）］那样引领人们，还是会宣布"柏拉图年"的结束，甚至是基督教时代的结束？阿布·马夏尔认为自己知道答案，然而菲奇诺并不确定，也没有任何天体崇拜，解读星象并不能让人完全掌握世事变化的原因。受斯多葛学派影响的阿拉伯占星术的决定论，即使在托勒密研究的佐证下，也一直未被接受。因此，菲奇诺在 1494 年 8 月的那封著名的信中，与波利齐亚诺一起真诚地祝贺皮科驳斥、

---

* Epimeteo，在希腊神话中，埃庇米修斯是普罗米修斯的弟弟，代表人类的愚昧，被称为"后知者"。——译者注

嘲笑了占星家的所谓预言。[29] 即使是在他自己承认的那些"更自由或许更武断的"的作品里已经解决了这些问题，他也始终以研究"神圣的真理"为目标。菲奇诺并不否认人类从星辰所预示的危险中自我拯救的可能，但他从不把异教的命运与天意混为一谈，而人的自由正是来源于天意。然而，来自上天的征兆，有可能产生某些影响：事实上，对于医生来说，了解星辰是必不可少的。[30] 那么这些星辰只能帮助治疗身体疾病的医生吗？其实，身体的医治和灵魂的医治是不可分割的。菲奇诺的柏拉图主义中没有抽象的二元论：精神总是介于身体和灵魂这两者之间。设若缺乏对于星辰这个身体与灵魂的调和者的研究，缺乏星辰——这个从出生就在我们身上留有印记，甚至这一生我们的代蒙*都会引领我们追寻的元素——的研究，我们又如何认识自己，从自己身上找到潜在的真理？星座不会预示我们的命运，却不可避免地让我们更好地认识自己。星辰与我们同在，就像我们自身一样难以理解。符号、迹象、标记和关系的多重性，为多重诠释留下了空间。文法（gramma）不是独立存在的，它并不具备确切的含义，只有在与整体的关系中，

---

* "代蒙"，希腊神话中介于神和人之间的一种精灵，根据古希腊唯心主义哲学派的解释，人从生下来一直到死亡都有代蒙伴随并支配其一切行动。——译者注

它才能被理解，正如句子中的单词和语言中的句子。人文主义的占星术也是有语文学意义的。

然而，菲奇诺的占星术，也保留了他思想中所具有的调和色彩。而这种和谐又是一系列精确选择的结果，这主要体现在对普罗提诺主要著作主题的哲学研究中。占星师不是预言家，预言是神圣的礼物，与天意相关，星辰还没有强大到可以战胜虔诚的人。但菲奇诺仍然认为，了解星辰的本质和它们可能产生的影响，在哲学上是必不可少的。事实上，菲奇诺认为哲学并不只是宗教哲学，还包含了对宇宙"共振"（simpatia）的认识，对整体中各个元素间密切联系的认识。一切都是有活力的，都不是毫无生机的，而活着的事物可以感知到其他鲜活的存在。我们的眼睛能看到光，思想的光又照亮了我们目光所视的一切。而我们的眼睛也是光，能够"看到神圣的灵魂"（*De amore*, VI, 4）。[31]除此之外，如果我们不能与星辰沟通，无法和星辰之间建立联系，如果"星辰的灵魂与我们的灵魂，我们的身体与它们的身体"无法交织在一起［*De amore*, VI, 4］，我们又如何证实波菲利或杨布利柯等作者所研究的魔法神学的严肃性？真正的魔术师，不是那些想要迫使星辰改变，或是挑衅它们的人，而是能构建星辰的形象，能锻造护身符，"祈祷"

它们的仁爱从天而降的人。菲奇诺的新柏拉图主义也是以此为基础的，这一点在《生命三书》当中也有体现。这是征兆的力量，它的力量不仅仅源于所预示之物。征兆能够引领灵魂，它的预示是有效力的。开普勒认为天体对整个世界的持续影响是基于现实经验的、可衡量的。

值得强调的是，菲奇诺所寻求的调和，具有深层次的目的和悲剧性的色彩：通过研究不同的声音，我们能够读懂时代的精神和危机，并越过危机最终走向新的和谐。不应该迷失在任何虚荣的好奇（vana curiositas）*中。早在因萨伏那洛拉事件而陷入思想危机之前，菲奇诺所依赖的思想之船就已经有所动摇。并非它本身不够坚固，而是因为它要承担超常的重量，必须随时应对与其相悖或相近的流派的攻击。一方面，如果宇宙中的一切的确是相互依存的（如果有确切的证据证明），那么我们无法凭借理智来联系并预测宇宙中的一切情况，这一事实就只能证明理智的有限性。如果我们认为所有的事情都是预先确定的，既然我们永远无法充分理解整个世界秩序的因果，又怎么能认定在所有作为世界的一部分并服从其规律的存在中，只有人在

本质上是自由的呢？既然我们的思想或智慧只是宇宙的一部分，又如何证实它不是被迫进入支配、约束宇宙的联结物（vincula）之中的呢？彭波那齐正是根据这种方法，以"科学"论证的名义，对菲奇诺的思想以及皮科在《驳星相学》（*Disputationes adversus astrologiam divinatricem*）中对占星术的驳斥提出了质疑。另一方面，如果对星象的解读、组合和领会的确行之有效（正如皮科对希伯来字母的认识），如果占星术和魔法之间存在真正的联系，那么它就不能只是猜测和推断。一个多世纪后，坎帕内拉认识到了这一点：必须坦率地承认，通过与星辰的交流，我们能够感化月下世界中的肉眼凡胎。这是神的旨意吗？我们如何甄别真正的魔术师和真正的先知呢？如果我们读到菲奇诺的生前遗作，读到其对萨伏那洛拉无情的痛斥[32]，就会回答：假先知会挑起争端、煽动战争、分裂城市。但或许真正的先知当时也赞美了这种力量，赞美了以色列？我们知道几年后马基雅维利是如何解决这个难题的［尽管他曾在《十年记》（*Decennali*）中说萨伏那洛拉"受到了神圣美德的启发"］：真正的先知真正懂得如何武装自己的思想，懂得如何令他人心悦诚服，以此建立国家。在马基雅维利看来，预言只具有政治意义，它的真实性只能由其成败来衡量。

反对占星家的皮科很清楚这一系列的难题。他与菲奇诺的决裂比菲奇诺试图或假装相信占星家的做派要干脆利落得多。[33] 当然，星辰不是原因，甚至并不会产生影响，也不是征兆，因为在现实中它们不具备任何意义。另一方面，菲奇诺应该做出准确论断：如果星辰不过是任由我们支配的影像，那么只有任何体现我们意志的行动才能改变它们的轨迹。而如果它们对我们灵魂的影响是真实的，又需要以科学的方式解释这种影响会如何产生，那么关键的问题就是：在灵魂和身体之间，存在怎样真实的"可测量"的关系，而无须求助于"中间实体"［正如奥卡姆剃刀定律："如无必要，勿增实体"（entia non sunt multiplicanda）］呢？这个问题没有答案。创作《驳星相学》时，皮科已经意识到了这一点，然而，他在创作《论人的尊严》时却并未清晰表述。

星辰的秩序只能用数学原理来研究，天文学和占星学最终必须相分离。对创作《驳星相学》的皮科来说，只有一点是明智合理的——宇宙的秩序是上帝荣耀的体现。占星术的非凡魅力，甚至能够征服许多受过教育的人，引起他们的好奇，并且为其展现的无知披上"华丽"的外衣，而这种无知源于我们存在的痛苦："无法自救"的凡人，"悲惨且终有一死"，未能预见之事和不可预测之事会在我们身上不断上演，幸运和不幸改变我们的生活，而我们却无力控制。我们相信占星术的谎言（尽管有时"假的东西比真的东西更近似真实"），几乎是为了宽慰自身的无力——我们无法洞悉生命非凡而惊人的变化，无法了解痛苦之源。皮科问道："这些'卑劣的凡人'能追求什么自由意志？"这种悲观的视角，似乎宣告了彭波那齐《论命运》中的结论。而彭波那齐回答道："我们的智慧愚蠢至极，我们的善良中暗含邪恶。"对于我们而言，能在天上找到一片不被"邪恶"沾染的净土已实属不易，更不要提污浊不堪、堕落腐化的月下世界了。（但人们终将归于天国的思想非但无法给人带来慰藉，反而令人作呕，对于尼采便是如此！）

那么，所有的一切都将掌握在古老神话中的时运女神堤喀（tyche）手中吗？我们的生命只是一场没有意义、没有结局的游戏吗？在皮科看来并非如此。如此大幅度削弱人类理智的"尊严"，或许会带来对宗教传统最激烈的批判。而在《驳星相学》中，皮科正是要捍卫这些宗教传统，使其免受任何魔法的"蛊惑"。[34] 偶然性自然是存在的，伟大的亚里士多德的论证是正确的，因为决定一个结果的几个原因同时存在，所以才会产生偶然性。但是皮科认为，如果由此推断出一切皆为偶然，那么这个错误会比占星家的存在更为严重。偶然性是存在的，"没有确定的事物"（nihil absolute）。同一种精神支配着万物，还有那些我们无法回溯其复杂原因的事件，都是上帝意志的安排。针对绝对决定论、世界随机性、占星术迷信这三种渎神的思想，菲奇诺再次提出在他理论中占主导地位的天命目的论。但他的思想背景完全不同，在他的思想里，天意本身已经为凡人安排了星辰作为指引，以此让人类懂得如何生活，而不仅仅是努力解释它们，并从折磨自己的邪恶中获得慰藉。然而，菲奇诺并不认为星辰的影像有任何实际效果，只有星辰自身才能影响到月下世界的肉体，而且这一影响只有当两者的距离在一定范围内时才会产生。在菲奇诺的思想中，占星术的全部意义是基于这样一种观念：星辰的灵魂融入了人类的灵魂，因此后者可以与前者交流。而此刻，宇宙"共振"这一新柏拉图主义的基本假设似乎已经不成立了。皮科以不同的方式追寻和谐，与菲奇诺关于和谐的理念已然决裂。哲学预言的乌托邦时代——不仅能宣布和平时代的到来，也能促进和平时代的开启——已经落幕。《九百则论题》试图汇集的所有不同思想流派的声音所形成的"大合唱"象征着造物主的仁慈与智慧构成的和谐世界。古代神学、赫耳墨斯主义、占星术和卡巴拉思想之间的不和谐之结，需要用剑来斩断。而正在这一危急的时刻，出现了充满矛盾与启示、困境与知识的结合体，它具有非凡的力量且充满活力，有时甚至会"颠覆"一切传统的权威性，也正是这一复合体构成了人文主义的悲剧。

宇宙秩序的天命概念，能否不依赖于宇宙中每个实体之间的联系而存在？如果人这种实体，能将《论人的尊严》中的指示存于心中作为自己的目的，那么，如果这个目的与所有其他生命的目的不一致、不相容，如果它与整体不协调，怎样才能够真正实现这个目的呢？这难道不就是需要研究宇宙联结物、披着占星术外衣（不仅如此）的目的论吗？对占星术的激进批判，也会带来对"金链"思想的质疑，这不仅仅是不同知识之间的关系问题，更是存在的整体性问题，这也是新柏拉图主义哲学的关键所在。[35] 如果没有"自然的关联性、连续性"，那么皮科自身的哲学基础也是不牢固的。

这场争论背后的哲学和神学因素是显而易见的，同时它也揭示了菲奇诺和皮科试图回答却最终无果的核心问题：是否只有受到神圣哲学启发后，人才能够回到天国？菲奇诺的占星术，本身就像是一种对人性内在能力的赞颂，因为人是诠释者，是星辰之友，是诗人；他们强大，仁慈，拥有灵验的护身符。这里的重点是，菲奇诺虽从未质疑上帝的恩典，却也并未进行严肃的讨论，他的神学思想与神性的仁爱思想已融为一体。也许有必要推翻传统的解释范式：萨伏那洛拉的好友皮科对占星家的攻击，与其说是反对世界的决定论和机械论，不如说是反对菲奇诺的占星术，即人文主义的占星术。因为菲奇诺的占星术高度赞扬人的想象力和创造力，歌颂绝对的自由意志。这一原则，在马丁·路德将新柏拉图主义者所追求的和谐理念"逐出教门"之前，就已经因为时代的危机而深陷泥潭："十字架神学只是逃避之路"。[36]《驳星相学》以同样悲痛的笔调，记录了这一危机。书中的视角落在凡人的痛苦上，落在他们难以预测、难以应对命运打击的无力感上："我为何不能自由地做自己认为好的事情？"现在，问题的核心变成了圣保罗提出的悲剧性问题，而非人的诠释与申辩。自由意志的思想依然存在，但如果自由意志未能获得与之匹配的实际力量，它是否会沦为自我奴役的枷锁？如果失去了一切"魔法"的力量，奴役是否会成为意志的唯一形式？如果不是"凭借信仰"（per ipsam fidem），我们如何找到获得真正自由的条件？从新柏拉图主义到萨伏那洛拉的悲剧，有诸多思潮兴起，同时也涌现出了许多问题。[37]萨伏那洛拉的"魔法"，恰恰在于它唤起了一种信仰，这种信仰能够以最坚韧、最无畏、最顽强的精神，脱离菲奇诺的人文主义和谐思想。

我们或许能明白，为何有必要质疑任何将人文主义中新柏拉图主义的发展与另一股思潮——从阿尔伯蒂到马基雅维利，这股思潮贯穿了整个人文主义——抽象地分离开的观点。这两个维度之间的"战争"（polemos）似乎是难以化解的，然而，正是它构成了人文主义所必须面对和思考的"问题"。比如，阿尔伯蒂的"绘画"在皮科的《驳星相学》的结尾再次出现，同时皮科也回溯了《论人的尊严》中对变色龙和多变之人的描述，尽管他采用了截然不同的叙述语气。迷信，渴望得到慰藉，无法辨明真伪，总是需要伪装——这就是皮科笔下凡人的存在。然而，人的这种形象不能以任何方式与自然秩序的目的论思想相协调，也不能与智慧天命的任何形式相协调。人类这种存在，总是擅于伪装出一副能力非凡的模样，尽管如此，从各方面来看，在逻辑上人类都不可能成为统治宇宙秩序的中心（莱奥帕尔迪补充说，人的存在甚至是不值得称赞的）。当然，人的身上有不屈的"力量"（vis）与美德，而这令他异想天开，产生了能凭一己之力超越众天使的幻觉。人类有行事与塑造事物的能力，只有这一点能够体现"人类智慧"，其中"智慧"一词应根据其最原始、最通俗的词源来理解。在《摩墨斯》中，鲜有柏拉图的思想（这是对其缺席苏格拉底生命最后时刻的一种反讽）。这种构造的力量又是否是"魔法"？如果你喜欢这样称呼它的话自然可以。但是我们需要脱去夸大超自然的外衣，并去除天意的色彩。魔法镌刻在事物的秩序中，蕴藏于人类改造自然的力量中。在这一点上，能够体现菲奇诺和布鲁诺、皮科和布鲁诺[38]之间思想的继承与割裂。同样的情况，也发生在了后两者对卡巴拉价值的认识上：布鲁诺有时会在特定领域使用卡巴拉的概念，但其整体意义被他对整个犹太神学和基督教神学的激进批判所淹没。[39]阿尔伯蒂在早期作品中阐释了菲奇诺的柏拉图主义自身忧郁基调产生的原因：人是一个奇迹，他坚信自己可以用思想去触碰星辰；但他的双脚并不能稳稳地立于地面，因为他缺乏稳固的立足点；人类永远无法像"橡树或是葡萄树"一样［歌德在《人类的界限》（*Limiti dell'umanità*）中这样吟咏支持这种人文主义的人］。

我们可以说，这两种基本观点一直在试图靠近对方，但是，两者内在的差异（尤其是在相关辩论中，差异问题已经贯穿了整个哲学诠释学）也逐渐显露出来。无论是阿尔伯蒂的《席间谈话》、波利齐亚诺的《比武篇》（*Stanze per la giostra*）还是波提切利的《帕拉斯和半人马》(*Minerva e il Centauro*），都要求语文学"创造"一种现代的古典主义，甚至是现代的神话。总而言之，语文学研究意味着认识思想及其语言形式之间不可分割的联系。同时，对有些人来说，在理论层面上，语文学需要主要研究话语和概念形式；对另一些人来说，语文学应当研究诗学形式。然而，没有人否认艺术语言的价值，不只是因为它们的"美"，或是因为它们给人带来的享受，而是因为它们反映了语言形式和图像之间关系的哲学问题，即"在图像中思考"以及"理念的阴影"(*umbra idearum*），而后者也是布鲁诺研究的核心问题。[40] 从这一点出发，又出现了一个更具普遍意义的主题，即人类无法表达自己的悲剧性——每一种形式的"逻各斯"都始终带有悲怆的色彩。在理性与言辞之间，在话语应该具备的概念上的严肃性与为了说服他人并令他人信服（马基雅维利、圭契阿迪尼和布鲁诺都曾讨论过关于信仰的重要主题）的表达的温和性之间，人文主义建立了联系的基础，这种联系也是修辞艺术的基础，它建立于这一哲学认知之上——我们的语言起源于肢体及其活动和声音（它是非凡"惊奇"的直接表现），而语言也是存在本身（最后一位人文主义者维科也曾讨论语言这一存在）。当一个真正的语文学

家聆听并研究词语时，会发现每个词语背后都别有洞天。

最终一切都会殊途同归，共同的目标都是和平：虽然有时这只是一种期望；有时我们又大胆前行，以为终点近在咫尺；有时却只将设立的目标视为一种虚妄；有时又绝望地发现，这一终点与我们的存在本身，有着不可调和的矛盾。在这个风谲云诡的时代，和平变得更加必要，但同时又太过艰巨，几乎难以实现。在人文主义发展之初，安布罗焦·洛伦泽蒂在锡耶纳市政厅古老的"九人会议厅"（Sala dei Nove）绘制的《好政府的寓言》（*Allegoria del Buon Governo*）这一壁画中，勾勒出了他构想的和平（见第74页）：它以人的形象呈现，而非天使的形象。它与其他建立"文明"的"三超德和四枢德"化身的女性坐在一起，但姿态与众不同，十分瞩目；它独自处于真正的宁静平和之中，也在独自思忖遥不可及的永恒和谐之光，那是超越了一切"正义的定律"（lex iustitiae）和"无忧无虑"（securitas）的快乐。[41] 但是，在这种人文主义中，重要的不仅仅是和平的概念本身，还有它所展现的有效且精练的研究方法。实现和平的唯一途径是双方的相互认可，它基于对其中体现出的不同传统、言语、思想和世界观的认识。这种认识，要在阐释、注解、比较、差异分析和综合类比中发展。这种知识不会因为揭示一个已知存在的"概念"而消耗殆尽，它懂得如何用永无止境的爱和研究去接近它所研究的存在本身，它懂得如何前进。和平是"一"，不是高于存在的"一"（尽管它的"有翼之眼"始终望向它的"不可言说"），而是存在的"一"，是包含"多"的"一"。同时每个作为个体的"一"，在它自身不可剥夺的价值中，都是永恒的存在。作为个体的"一"能认识到包含"多"的"一"，同时也试图使自己的存在得到认识。简而言之，"和平"与简单将一切归为"一"的概念，与抹杀差异性与个体性的做法，是完全不同的。从理性层面来看，这些差异是通过这样一种象征性的形式出现的，即使危险和焦躁与日俱增，即使彼此之间的争斗愈演愈烈，这些差异都始终全力以赴地展现着自己的全部。在佛罗伦萨大教堂歌剧博物馆多纳泰罗创作的《先知哈巴谷》(*Zuccone*)中，或是皮耶罗·德拉·弗朗切斯卡的《鞭打基督》(*Flagellazione*)里，哲学的一切都被置于图像中，人们都能看到它的存在。

如果哲学本身，不过是对统一一切的决定性因素的研究——毫无疑问，正如哲学家黑格尔所说——那么和平的理念就是哲学，人文主义的理念就是哲学。在更广泛的意义上也是如此，因为哲学的统一性会辐射到其他领域，起到决定作用，留存于无限的特定语言中。黑格尔深谙其中的道理，而他的理解更多的是基于他对意大利文艺复兴时期艺术经典的追求，而非他对当时文学作品的阅读。从他写的《怀疑主义与哲学的关系》（*Rapporto dello scetticismo con la filosofia*）的一段话中我们可以找到一些佐证。他写道：绝对哲学的消极面在于，它淹没了所有有限的决定论。根据他的观点，柏拉图的《巴门尼德篇》所体现出的这一哲学的消极面，随后在菲奇诺处得到了继承。泰德曼认为，菲奇诺是一个"深陷在新柏拉图主义泥沼中"的思想家。而黑格尔认为，菲奇诺"以纯洁的思想和自由的精神"试图理解《巴门尼德篇》中的怀疑主义，理解它在构成真实的思想体系里，是如何构建不可或缺的第一基本要素的。从同样的角度审视，黑格尔对菲奇诺和皮科的赞赏，在《哲学史讲演录》（*Lezioni sulla storia della filosofia*）中也有体现。黑格尔想强调的是他们的柏拉图主义源于普罗提诺和普罗克洛，同时，我们也知道他对雅典柏拉图学院的两位巨匠怀有多么崇高的敬意（费尔巴哈称黑格尔为"德国的普罗克洛"，并对此予以充分的论证）。尽管他的描述只有寥寥几笔，我们也能够推断出他对我们的强烈呼吁：他一直期望人文主义能够被重新审视，变得更加富有哲思。

注 释

第一章

1 关于文艺复兴时期思想的系列研究是乔瓦尼·秦梯利哲学的重要组成
部分；在文艺复兴时期的百家争鸣中，他发展了自己关于人类自由及
其精神力量的一系列学说。（然而秦梯利本人却并没有充分认识到同
时期其他一些重要的思想家的哲学"价值"，从他对达·芬奇作品的
激烈贬低就可见一斑。）我认为有趣的是，克罗齐（Benedetto Croce）
与秦梯利截然不同，克罗齐的观点反而与德·桑克蒂斯（Francesco
De Sanctis）不谋而合，即人文主义以及文艺复兴在艺术和文学领域
仍受到极大束缚（马基雅维利例外）。

2 朱塞佩·塞塔（Giuseppe Saitta）的书可以代表这种观点，此书理论部
分非常翔实，见 G.Saitta, *Marsilio Ficino e la filosofia dell'Umanesimo*, Bologna
1954 (1ᵃ ed. 1923)。人文主义思想的不足和困境，是从现实唯心主义的
"结果"来看的，代表性文章见 U. Spirito, *L'Umanesimo e la nuova concezione
della vita*, ora in ID., *Machiavelli e Guicciardini*, Firenze 1968。另一方面，将
人文主义和文艺复兴"运用"到自己的哲学观点中，这也是实证主
义史学和基督教史学中最接近学术前沿的学者的做法（见 E. Troilo,
Ricostruzione e interpretazione del pensiero filosofico di Leonardo da Vinci, Venezia
1954）[除了我们将引用的朱塞佩·托法尼（Giuseppe Toffanin）的
作品外，详见 E. Gilson, *Le message de l'Humanisme*, in F. Simone (a cura di),
Culture et politique en France à l'époque de l'Humanisme, Torino 1974]。

3 E. Cassirer, *Erkenntnisproblem in der Philosophie und Wissenschaft der neueren Zeit*,
vol. I, Berlin 1906.

4 参见 *Individuo e cosmo nella filosofia del Rinascimento* (1927)。即便是摒弃了所
有"唯心主义或新康德主义偏见"的历史学研究，也会得出类似的
结论。"哲学诞生之时，便是人文主义消亡之日。"朱塞佩·托法尼

在其作品中如是总结，见 G. Toffanin, *Che cosa fu l'Umanesimo*, Firenze 1929, p. 132。

5 E. Cassirer, *Giovanni Pico della Mirandola. A Study in the History of Renaissance Ideas*, in «Journal of the History of Ideas», III (1942), pp. 123–44 e 319–46.

6 *Ibidem.*

7 *Ibidem.*

8 这句引述摘自 P. O. Kristeller, *Studies in Renaissance Thought and Letters*, Roma 1984, p. 561。这种批判在针对特定作者（比如瓦拉）的一些研究中有所减少（ID., *Eight Philosophers of the Italian Renaissance*, Stanford 1964）。

9 对于康拉德·布尔达赫的观点（*Reformation, Renaissance, Humanismus*, Berlin 1918），见 K. Flasch, *Konrad Burdach über Renaissance und Humanismus*, in F. Meroi ed E. Scapparone (a cura di), *Humanistica. Per Cesare Vasoli*, Firenze 2004。他们对文艺复兴的这些诠释进行了有力批判，但是仍然需要深入研究威廉·狄尔泰（Wilhelm Dilthey）的观点［见朱塞佩·卡恰托雷（Giuseppe Cacciatore）的文章 G. Cacciatore, *Su alcune interpretazioni tedesche del Rinascimento nel Novecento, ibid.*］，法比奥·范德（Fabio Vander）对此展开了相关研究，见 F. Vander, *La modernità italiana*, Lecce 1997。

10 关于西塞罗贯穿中世纪和人文主义的形象，以及修辞在这一时期所具有的极为具体的内涵，见 Q. Skinner, *The Foundations of Modern Political Thought*, Cambridge 1978。关于政治与公民之间的联系，见 M. Viroli, *Dalla politica alla ragion di Stato*, Roma 1994。见詹卢卡·布里古里亚（Gianluca Briguglia）的最新文章 G. Briguglia, *L'animale politico. Aristotele, Agostino e altri mostri medievali*, Roma 2015。"西塞罗的时代"？可以算是，但是不能对这种表述进行武断的归纳总结，不能只把它当成修辞和演说。此处，修辞学意味着"将每一种知识、每一种美德，与使其在社会中发挥作用的雄辩术联系起来"。(M. Fumaroli, *L'âge de l'éloquence*, Paris 1980)；不仅如此，在研究西塞罗时，我们必须时刻谨记维拉莫维茨在《柏拉图》（*Platone*）中意外提及的观点："对于彼时的人民而言，西塞罗是柏拉图和德摩斯梯尼（Demostene）的结合体；必须承认其作品的重要性。"

11 U. Von Wilamowitz, *Geschichte der Philologie*, Leipzig 1921.

12 关于奥古斯特·伯克的形象及其不仅仅局限于古典语文学领域的

权威，最主要的参考文献来源于哲学家海曼·斯坦塔尔（Heymann Steinthal），后者也对本雅明的语言哲学有所影响，见 H. Steinthal, *August Böckh*. Encyclopedie und Methodologie der philologischen *Wissenschaften,* in «Zeitschrift für Völkerpsychologie und Sprachwissenschaft», X (1878)。 亦可参见 H. Usener, *Die Entwicklung der Philologie im Zusammenhang mit der Berliner Universität,* 1860, in ID., *Kleine Schriften,* Leipzig 1914, vol. III, pp. 215–26。

13 关于德国语文学人文主义在第一次世界大战之际的"文化之战"中的作用，以及它对这一时期反民主思想的发展所产生的决定性影响，见 L. Canfora, *Intellettuali in Germania,* Bari 1979; ID., *Cultura classica e crisi tedesca,* Bari 1977，其中包含维拉莫维茨的政治作品选集。然而，值得注意的是，在一战之际关于"保守主义革命"和反民主思想的成果的重要文本中从乔治·莫斯（George L. Mosse）到库尔特·桑泰默（Kurt Sontheimer），再到斯特凡·布洛伊尔（Stefan Breuer），几乎没有提到德国新人文主义所发挥的作用。

14 见 H. Steinthal, *Die Sprachwissenschaft Wilhelm von Humboldt's und die Hegel'sche Philosophie,* Berlin 1848。

15 U. Von Wilamowitz, *Die griechische Unterricht auf dem Gymnasium,* in Preussisches Ministerium der Geistlichen, Unterrichts- und Medizinalangelegenheiten (a cura di), *Verhandlung über Fragen des höheren Unterrichts,* Halle 1902.

16 恩斯特·罗伯特·库尔提乌斯在 1932 年版的《岌岌可危的德国精神》（*Lo spirito tedesco in pericolo*）中使用了这一表达。1930 年，由维尔纳·耶格尔组织的关于《古典与古代问题》（*Das problem des Klassischen und die Antike*）的大型会议在瑙姆堡举行，瓦尔特·本雅明（Walter Benjamin）对会议记录给予了积极评价。但是当时在乔治·帕斯夸利关于维拉莫维茨之死的详尽描述中，他以一种痛苦焦虑的口吻描述了德国新人文主义文化（G. Pasquali, *Ulrico di Wilamowitz-Moellendorf,* ora in ID., *Pagine stravaganti di un filologo,* Firenze 1968, vol. I）。我们在乔治·帕斯利的另一篇作品中发现了同样的情感，这篇文章是专门讨论路德维希·库尔提乌斯的《回忆录》（*Lebenserinnerungen*）的：*Storia dello spirito tedesco nelle memorie d'un contemporaneo* (1953, nuova ed. Milano 2013)。另见由马尔切洛·吉甘特（Marcello Gigante）为维拉莫维茨的作品《回想录：1848—1914》

（*Erinnerungen 1848–1914*）的意大利文版撰写的引言。

17 "我的论述不仅仅针对有学问的人，还面向所有在当下努力维护我们的千年文明、寻求复兴希腊文化的人"，引自 W. Jaeger, *Paideia. Die Formung des griechichen Menschen*, Berlin 1933。

18 关于这一重要的研究流派及与德国新人文主义发展同时期的古典文化思想，详见贾恩卡洛·拉钦（Giancarlo Lacchin）为该卷意大利文版撰写的引言，这篇文章在一定程度上是该流派的先锋之作：H. Friedemann, *Platon. Seine Gestalt*, Berlin 1914。

19 奥西普·曼德尔施塔姆（Osip Mandel'štam）指出："'古典文化'是尚待研究的。"他的《关于但丁的谈话》（*Razgovor o Dante*）是但丁研究的扛鼎之作，该书在1965年才出版，随后以英文节译本出版。

20 鉴于瓦尔堡、维拉莫维茨两人在战前曾有过会面，他也可能刻意引用了两人的理论。而且，维拉莫维茨在汉堡图书馆发表演讲时，瓦尔堡给他写过一封信，在信中瓦尔堡几乎总结了自己关于"语文学"研究的所有戏剧性问题，比如古老的恶魔形象是如何演变成宙斯和"光明"的形象，以及智慧女神密涅瓦胜利的形象［《致乌尔里希·冯·维拉莫维茨的信》（*Lettera a Ulrich von Wilamowitz*）］。

21 想要理解这一点，我们只需了解维拉莫维茨对悲剧的定义："已经完结的英雄神话中的一个片段，以高雅的风格进行诗意的阐述，由古希腊雅典城邦的公民合唱团和最多两三个人作为演员，在狄俄尼索斯的圣殿中作为公共宗教庆典的一个环节进行表演。"

22 即使是在托马斯·曼试图通过《一个不关心政治者的观察》构建一个"自我超越"的作品中，他也始终认为"人文主义者"是无法理解当前悲剧和矛盾的。

23 欧金尼奥·加林根据文艺复兴人文主义观点，对海德格尔的文章展开讨论，详见我的文章：*Garin lettore di Heidegger*, in G. Vacca e S. Ricci (a cura di), *Il Novecento di Eugenio Garin*, Roma 2011。关于海德格尔思想与古罗马精神（Romanitas）之间复杂、矛盾关系的重建，见 L. Illetterati e A. Moretto (a cura di), *Hegel, Heidegger e la questione della Romanitas*, Roma 2004。关于德国新人文主义直接套用文艺复兴人文主义理论，致使文艺复兴人文主义被误解的事实，见 F. Duque, *Le discrédit de l'humanisme par saturation humaniste*, in «L'Art

du comprendre», n. 15: *Philosophies de l'Humanisme*, Paris 2006。

第二章

1 在研究过程中，欧金尼奥·加林凭借其睿智的头脑与严谨的研究，在多种构成语言相互不洽的情况下，依然深度把握、理解了人文主义时代的悲剧性。依我之见，在这方面，欧金尼奥·加林最重要的论文集当属《复兴与革命》(*Rinascite e rivoluzioni*, Roma-Bari, 1976)。对于加林的介绍，见 M. Ciliberto, *Una meditazione sulla condizione umana*（其中介绍了他主编的加林作品集：*Interpretazioni del Rinascimento*, 2 voll., Roma 2009)，以及奥利维亚·卡塔诺奇（Olivia Catanorchi）和瓦伦蒂娜·勒普里（Valentina Lepri）主编的重要文献：*Eugenio Garin dal Rinascimento all'Illuminismo*, Roma 2011。

2 这一表达摘自 Garin, *Rinascite e rivoluzioni* cit., pp. xii-xiii, 关于这一内容，见 R. Klein, *Il tema del pazzo e l'ironia umanistica*, in ID., *La forma e l'intelligibile*, Torino 1975，以及纪念克莱因（Klein）本人的文集：AA.VV., *L'Umanesimo e «la follia»*, Roma 1971。在"狂热"这一主题与德国中世纪晚期神秘主义相关的方面，主要有以下研究：E. Castelli, *Il demonico nell'arte*, Milano 1952; M. Bonicatti, *Studi sull'Umanesimo*, Firenze 1969。通过上述研究，人们在博斯和老勃鲁盖尔（Bruegel il Vecchio）的作品中得出最有价值、最值得探讨的结论。最后，参见 M. Ciliberto, *Umbra profunda*, Roma 1999, parte II。在参考马基雅维利的观点之后得出的结论：这种狂热最具悲剧性的表现便是战争——最难描绘的不和与纷争，即达·芬奇在《安吉里之战》中表现出的"兽性的疯狂"[见 C. Vecce, *Leonardo, arte (e follia) della guerra*, in «Cyber Review of Modern Historiography», XIX (2014)]。

3 在这些方面强烈推崇人文主义哲学重要性的人物是 E. Grassi, *Macht des Bildes, Ohnmacht der rationalen Sprache*, Köln 1970。关于埃尔内斯托·格拉西（Ernesto Grassi）与人文主义的论述，见 G. Cantillo e A. Battistini contenuti in E. Hidalgo-serna e M. Marassi (a cura di), *Studi in memoria di Ernesto Grassi*, 2 voll., Napoli 1996。

4 从这个角度来看，圣方济各也是但丁所崇拜的圣人，正如他对于人文主义艺术语言的伟大革新者一样，是其革新的灵感源泉。哈里·索德（Harry

Thode）在其著作（H. Thode, *Franz von Assisi und die Anfänge der Kunstder Renaissance in Italien*, Berlin 1885）中的主要论点至今仍被沿用。关于"低劣的语言"这一定义，见 E. Auerbach in *Literatursprache und Publikum in der lateinischen Spätantike und im Mittelalter*, Bern 1958。关于但丁笔下的圣方济各，见 E. Pasquini, *Fra Due e Quattrocento. Cronotopi letterari in Italia*, Milano 2012; 也可参考我的作品：*Doppio ritratto. San Francesco in Dante e in Giotto*, Milano 2012。

5 这一引述摘自 Leonardo, *Proemio*, in ID., *Scritti*, a cura di C. Vecce, Milano 1992, p. 195。关于这一内容，见 C. Vecce, *La biblioteca perduta. I libri di Leonardo*, Roma 2017。

6 关于《论俗语》中并未引用希伯来语这一情况，见 A. Raffi, *La gloria del volgare. Ontologia e semiotica in Dante*, Soveria Mannelli 2004 ; U. Eco, *Dante tra modisti e cabalisti*, in ID., *Dall'albero al labirinto*, Milano 2007。关于但丁整体思想中的语言问题，主要参见 B. Nardi, *Il linguaggio* (1921), ora in ID., *Dante e la cultura medievale*, Roma-Bari 1983。关于通俗拉丁语与古典拉丁语之间的"天命之争"，见 A. Roncaglia, *Lingue nazionali e koiné latina*, in ID., *Le origini della lingua e della letteratura italiana*, Torino 1998。

7 见 K. O. Apel, *Die Idee der Sprache in der Tradition des Humanismus von Dante bis Vico*, Mainz 1961。

8 朱塞佩·托法尼评论的最大价值就在于他坚持阐释但丁和人文主义之间的关系，见 Id., *Perché l'Umanesimo comincia con Dante*, Bologna 1967。

9 见 E. R. Curtius, *Europäische Literatur und lateinisches Mittelalter*, Bern 1948，以及另一部经典著作：M. Von Albrecht, *Rom. Spiegel Europas*, Tübingen 1998, i capp. v–vi。

10 R. Klibansky, *The Continuity of the Platonic Tradition during the Middle Ages*, London 1939 (4ª ed. 1982); E. Garin, *Studi sul platonismo medievale*, Firenze 1958; T. Gregory, *The Platonic Inheritance*, in ID., *Mundana sapientia. Forme di conoscenza nella cultura medievale*, Roma 1992.

11 关于"彼岸"，见 A. Morgan, *Dante and the Medieval Other World*, Cambridge (Mass.) 1990。需要特别提到的是，关于人们来世这一神秘"旅行"的主题，许多学者都试图将但丁和"东方世界"进行比较。依我之见，研究这个问题，需要参考 C. Saccone, *Sguardi di Dante da Oriente*, Alessandria 2016。

此外，亦可参见 B. Deen Schildgen, *Dante and the Orient*, Chicago 2002。

12 关于该部分的研究，参见 H. De Lubac, *Exégèse médiévale*, vol. II, 2, Paris 1964，以及 U. Eco, *Dalla metafora all'analogia entis*, in ID., *Dall'albero al labirinto* cit.。

13 K. Barth, *Die kirchliche Dogmatik*, Zürich 1945, p. 90.

14 关于这些方面，参见我本人的作品：*Il potere che frena*, Milano 2013。

15 关于"作为灵魂之衣"的想象力，见 Klein, *La forma e l'intelligibile* cit.；关于菲奇诺和皮科的人类学和认识论中的问题，详见西蒙·费利纳（Simone Fellina）的深入研究：S. Fellina, *Modelli di episteme neoplatonica nella Firenze del '400*, Firenze 2014。关于将十五世纪作为"想象的世界"的完整诠释，见 M. Centanni, *Fantasmi dell'antico*, Rimini 2017。

16 关于类推，见 E. Melandri, *La linea e il circolo*, Bologna 1968。此外，亦可参见 E. Przywara, *Analogia entis. Metaphysik*, München 1932。

17 Roberto Grossatesta, *La luce*, a cura di C. Panti, Toronto 2013, p. 226.

18 见 C. Vasoli, *La «Lalde del Sole» di Leonardo da Vinci*, in ID., *I miti e gli astri*, Napoli 1977，还可参见同册 *Copernico e la cultura filosofica italiana del suo tempo* 一文。参见 E. Garin, *La rivoluzione copernicana e il mito solare*, in ID., *Rinascite e rivoluzioni* cit.；*La cultura fiorentina nell'età di Leonardo*, in ID., *Medioevo e Rinascimento*, Bari 1961。参见 V. P. Zubov, *Le soleil dans l'oeuvre scientifique de Leonard de Vinci*, in AA.VV., *Le soleil à la Renaissance. Sciences et mythes*, Bruxelles 1965。

19 诗歌作品本质上是寓言，城邦中强大的异端文化的代表人物也这样认为。切科·达斯科利（Cecco d'Ascoli）明确指出了这一点，详见圭多·卡瓦尔坎蒂（Guido Cavalcante）在《神曲·地狱篇》中的著名段落（*Commedia, Inferno*, X, v. 63）中的"不屑"这一表达。

20 见 C. Moreschini, *Rinascimento cristiano*, Roma 2017, parte III。

21 关于但丁语言的卓越性，关于其所表达的哲学和象征的完整意义，见 G. Sasso, *Il viaggio di Dante*, in ID., *«Forti cose a pensar mettere in versi»*, Torino 2017。

第三章

1 十四世纪下半叶，在薄伽丘的推动下，以科卢乔·萨卢塔蒂为代表，在佛罗伦萨形成了一个以但丁为研究对象的狂热的学者圈；诗人但丁在《论赫拉克勒斯功绩》(*De laboribus Herculis*)和《论暴君》(*De tyranno*)中均受到高度赞扬。见 C. Dionisotti, *Dante nel Quattrocento*, in AA.VV., *Atti del Congresso internazionale di studi danteschi*, Firenze 1965; A. Chastel, *Art et Humanisme à Florence au temps de Laurent le Magnifique. Études sur la Renaissance et l'Humanisme platonicien*, Paris 1959。见 C. Vasoli, *Dante e la cultura fiorentina del maturo Quattrocento*, in ID., *Ficino, Savonarola, Machiavelli*, Torino 2006。

2 参见 L. Bruni, *Opere letterarie e politiche*, a cura di P. Viti, Torino 1996, p. 548。

3 参见 R. Ebgi (a cura di), *Umanisti italiani*, Torino 2016, pp. 296–304。

4 M. Ficino, *Lettera a Lorenzo de' Medici e Bernardo Bembo, ibid.*, pp. 312–13. 文艺复兴的基本理论问题，就是人应具有在图像中思考、在审视图像的同时进行思考的能力。阿比·瓦尔堡的研究也以此为方向（在某种程度上可以说是对图像理论的总结，但对布鲁诺的研究因瓦尔堡逝世而终止，参见 M. Ghelardi, *Aby Warburg. La lotta per lo stile*, Torino 2012; M. Bertozzi, *Il detective melanconico*, Milano 2008），在后来圣像学流派和经院学派的发展中有些迷失［埃德加·温德（Edgar Wind）除外；此外，萨克斯尔（Saxl）和塞兹内克（Seznec）的研究是关于古代神灵和占星术信仰演变的重要参考文献］。绘画和哲学之间的关系，特别是布鲁诺的相关研究，以及对阿尔伯蒂的重要作品《论绘画》的研究，都可参考以下文献：N. Ordine, *La soglia dell'ombra*, Venezia 2003, e più recentemente in ID., *Tre corone per un re*, Milano 2015, cap. II. 在哲学史学史领域，米凯莱·奇利伯托（Michele Ciliberto）对其进行了重点研究（除此前提到的 *Umbra profunda* 外，参见 *Pensare per contrari. Disincanto e utopia nel Rinascimento*, Roma 2005, parte III），他以强有力的理论研究再次探讨了"在图像中思考"的问题，见 G. Cuozzo, *La ragione e la nostalgia dell'infinito. Congettura e visione in Nicola Cusano e Albrecht Dürer*, in «Annuario Filosofico», XXIV (2008)，同时参考其以达·芬奇的作品为主题所著的 *Dentro l'immagine*, Bologna 2013。

5 从这一角度来看，可以参考与我观点颇为相似的人文主义思想阐释：M.

Ciliberto, *Approssimazione al Rinascimento*, in ID., *Pensare per contrari* cit.，及其最近出版的 *Il nuovo umanesimo*, Bari 2017。

6 库萨的尼古拉与人文主义者之间的关系问题，自卡西尔开始就得到了不同程度的研究，见 E. Garin, *Cusano e i platonici italiani del Quattrocento*, ora in ID., *Interpretazioni del Rinascimento*, Roma 2009, vol. II, e in ID., *La cultura filosofica del Rinascimento italiano*, Firenze 1961，其中也有关于埃内亚·西尔维奥·皮科洛米尼和保罗·达尔·波佐·托斯卡内利的人物形象描述。见 C. Vasoli, *Note su Niccolò Cusano e la cultura umanistica fiorentina*, in ID., *Ficino, Savonarola, Machiavelli* cit.。关于强调二者关系的强度，参见 E. Filippi, *Umanesimo e misura viva. Dürer tra Cusano e Alberti*, Verona 2011，及其重要研究作品 *Denken durch Bilder. Albrecht Dürer als »philosophus«*, Münster 2013。

7 关于瓦拉的辩证法，最重要的参考文献仍然是：C. Vasoli, *La dialettica e la retorica dell'Umanesimo*, Milano 1968。关于瓦拉语言学研究的整体文化和哲学意义，见 F. Rico, *El sueño del humanismo. De Petrarca a Erasmo*, Madrid 1993。. 若要理解瓦拉语言学的哲学意义，见重要参考文献：L. Cesarini Martinelli, *Note sulla polemica Poggio-Valla e sulla fortuna delle Elegantiae*, in «Interpres», III (1980)。

8 G. Billanovich, *Nuovi autografi (autentici) e vecchi autografi (falsi) del Petrarca*, ivi, XXII (1979), pp. 223–38.

9 这一表达引自 C. Dionisotti, *Calderini, Poliziano e altri*, in «Italia medievale e umanistica», XI (1968), pp. 151–85。

10 我们要感谢伊拉利亚·拉梅利（Ilaria Ramelli）的编辑，她为卡佩拉所著《语文学与墨丘利的联姻》（米兰，2001）和约翰内斯·司各特·爱留根纳、雷米焦·迪·欧塞尔、伯尔纳多·西尔韦斯特雷的评注（米兰，2006）再刊，书中附有全面、广博的介绍。关于马拉特斯塔家族时代的象征学研究，参见 M. Bertozzi, *Segni, simboli, visioni*, in ID., *Il detective melanconico* cit.; Centanni, *Fantasmi dell'antico* cit.。

11 参见 G. Reale, *Botticelli. La «Primavera»*, Rimini 2001 中对该作品的阐释研究。即便如此，也始终无法深入了解这部作品中符号的神秘内涵，以及在波提切利身上笼罩着的"不安与焦虑的阴霾"，且与古典关联甚少（S. Bettini, *Botticelli*, Bergamo-Milano-Roma, s. d.）。

12 关于人文主义的共和价值，参见 Q. Skinner, *Visions of Politics*, vol. II: *Renaissance Virtues*, Cambridge (Mass.) 2002；以马基雅维利的思想为参照的文献如下：M. Viroli, *Machiavelli*, Oxford 1998; G. C. Garfagnini, *Da Chartres a Firenze*, Pisa 2016, parti II e III。

13 Garin, *Medioevo e Rinascimento* cit., p. 99.

14 从瓦尔特·本雅明的 *Il compito del traduttore*（1923）到保罗·利科尔（Paul Ricoeur）的 *La traduzione. Una sfida etica*，重新提出了人文主义传统的基本主题，但这些作者大多忽略了"根源"问题。

15 关于三位古典文学大师及其不朽的经典之作，参见 A. Asor Rosa, *Storia europea della letteratura italiana*, Torino 2001, parti IV e V; ID., *Letteratura italiana. La storia, i classici, l'identità nazionale*, Roma 2014, parte II。

16 以赛亚·伯林（Isaiah Berlin）在其对欧洲文化变迁中马基雅维利和维科形象的研究中，完美地揭示了这一点，这些文章载于：*The Crooked Timber of Humanity*, London 1990，以及 *Against the Current*, Oxford 1981。

17 关于语言学与哲学和人文主义的具象艺术之间的关系，参见相关重要研究：A. Chastel e R. Klein, *L'Europe de la Renaissance: L'âge de l'Humanisme*, Bruxelles 1963（包括之前提及的他们所作 *Arte e Umanesimo a Firenze al tempo di Lorenzo il Magnifico* 一书）。瓦莱里献给达·芬奇的关于思想和绘画之间关系的作品也包含在内，瓦莱里在文中强调了绘画的作用，将其视为一种需要"所有知识和几乎所有技术"的艺术，并指出"我认为达·芬奇把绘画当作哲学"。专门研究卷首插图的"概念符号"的文献如下：L. Simonutti, *La filosofia incisa*, in F. Meroi e C. Pogliano, *Immagini per conoscere*, Firenze 2001。

18 关于彼特拉克的这一观点，参见 E. Garin, *Dante e Petrarca fra antichi e moderni*, in ID., *Rinascite e rivoluzioni* cit.。

19 这些观点的发展，涉及同时代海德格尔、伽达默尔（Gadamer）和德里达（Derrida）思想的核心问题，参见我的作品：*Labirinto filosofico*, Milano 2014。

20 参见 M. Pellegrini, *Religione e Umanesimo nel primo Rinascimento*, Firenze 2012。"人文主义意味着异教和逐渐脱离信仰的错误三段论"（Toffanin, *Che cosa fu l'Umanesimo* cit., p. 9）这一观点早已被推翻。这当然不是托法尼自

认为的那样，认为这是教会对知识理性主义（这一思想在十三至十四世纪时期占据主导地位）做出的反应。关于这一问题的其他研究，见 Moreschini, *Rinascimento cristiano* cit.。

21 R. Rinaldi, *«Larvatus prodeo».Vecchie e nuove ipotesi su Alberti e Valla*, in R. Cardini e M. Regoliosi (a cura di), *Alberti e la cultura del Quattrocento*, 2 voll., Firenze 2007. 最后一个关于瓦拉的重要参考文献，特别是对其与经院哲学关系的分析，参见 S. I. Camporeale, *Lorenzo Valla. Umanesimo, Riforma e Controriforma*, Roma 2002。

22 在这一点上，瓦拉似乎确实非常接近奥卡姆主义的立场，他想依据对其思想的真理性检验重新建立神学讨论。

23 T. Gregory, *Forme di conoscenza e ideali di sapere nella cultura medieval e Filosofia e teologia nella crisi del xiii secolo*, in ID., *Mundana sapientia* cit.

24 即使在这个神学上最危险的领域，也要反对任何抽象的概念：逻各斯是话语，但它更是庄严的声音，是呼唤我们并与我们对话的声音：上帝的训示。德里奥·坎蒂莫里（Delio Cantimori）在一篇出色的文章中指出塞尔维托和其他十六世纪的异教思想是如何在伊拉斯谟的调和下与瓦拉的思想融合的（D. Cantimori, *Eretici italiani del Cinquecento*, Firenze 1939, p. 43, e ancora pp. 241 sgg.）。

25 A. Poppi, *Libertà e fato nel pensiero dell'Umanesimo e del Rinascimento*, in ID., *L'etica del Rinascimento tra Platone e Aristotele*, Napoli 1997.

26 R. Mondolfo, *Leibniz nella storia della filosofia*, in ID., *Filosofi tedeschi*, Urbino 1958.

第四章

1 参见 Leonardo, *Scritti Scelti*, a cura di A. M. Brizio, Torino 1966, p. 132。

2 参见 L. B. Alberti, *Opere volgari*, a cura di C. Grayson, Bari 1960–73, vol. I, p. 213。

3 布拉曼特的文章由卡洛·佩德雷蒂（Carlo Pedretti）收录于其所著：*Leonardo architetto*, Milano 1978。

4 A. Poliziano, *Opera omnia*, Basilea 1553, vol. I, p. 113. 阿尔伯蒂在《席间谈话》第七册的序言中以类似的方式表达了自己的观点：雄辩术是非常多变的，即使是西塞罗，在不同作品中所使用的表达方式也有很大不同，只有傻子才会崇拜过去所有的作家。《论建筑》中提到的各种表达技巧，也应该在雄辩术中得到体现并加以应用，关键问题始终在于需要"说话得体，表达清晰"。

5 E. S. Piccolomini, *Opera omnia*, Basilea 1551, p. 989.

6 Garin, *Rinascite e rivoluzioni* cit. 为阿尔伯蒂的这种解释提供了佐证，与之"对应"的是 C. Vasoli, *Alberti e la cultura filosofica*，其中介绍了 2004 年专门探讨阿尔伯蒂的国际会议（*Alberti e la cultura del Quattrocento* cit.）。特别是以下相关研究：R. Cardini, *Attualità dell'Alberti*, in «Professione architetto», II (1995)；ID., *Alberti e la nascita dell'umorismo moderno*, in «Schede umanistiche», I (1993)；F. Furlan, *Studia albertiana*, Torino-Parigi 2003; G. M. Anselmi, *Letteratura e civiltà tra Medioevo e Umanesimo*, Roma 2011, e ID., *L'età dell'Umanesimo e del Rinascimento*, Roma 2013。我认为，他们以智慧和喜爱延续和发展了这些大师的思想。关于布鲁诺视角下的阿尔伯蒂，参见 Ciliberto, *Pensare per contrari* cit., pp. 115–32，及其 *Sogno, ombra, dissimulazione. Variazioni di un tema*, in ID., *L'occhio di Atteone*, Roma 2002。

7 关于"尊严、高尚"这一定义的模糊性，参见 T. Gregory, *L'ambigua dignità dell'uomo moderno*, in «Quaderni di storia», LXXXVI (2017), pp. 5–19。

8 关于这一问题，参见 M. Bachtin, *Tvorčestvo Fransua Rable i narodnaja kul'tura srednevekov'ja i Renessansa*；亦参见 R. Klein, *Le rire*, in AA.VV., *L'Umanesimo e "la follia"* cit.；C. Segre, *Fuori del mondo*, Torino 1990。关于《摩墨斯》，见 A. Tenenti, *Il Momus nell'opera dell'Alberti*, in ID., *Credenze, ideologie, libertinismi tra Medioevo ed Età Moderna*, Bologna 1978; S. Simoncini, *L'avventura di Momo nel Rinascimento. Il nume della critica tra Leon Battista Alberti e Giordano Bruno*, in «Rinascimento», XXXVIII (1998)；以及弗朗切斯卡·弗兰（Francesca Furlan）为蒙达多里出版社（Mondadori）发行的作品版本撰写的介绍性文章（米兰，2007）。关于阿尔伯蒂的面具和笑声，参见 L. Cesarini Martinelli, *Metafore teatrali in Leon Battista Alberti*, in «Rinascimento», XXIX (1989)。最后，参见我本人的文章 *Il Momus dell'Alberti*, in AA.VV., *Il principe invisibile*, Tournhoot 2015。

9 "在封建时代，人们笃信神谕可以引领他们生活。后来，随着一种新法律的出现……这些神谕也失效了……一切随着法律的诞生而发生了巨大变化",引述摘自 P. Pomponazzi, *De incantationibus*, XII (a cura di V. Perrone Compagni, Firenze 2011, pp. 149–50)。

10 L. B. Alberti, *I libri della famiglia*, in *Opere volgari* cit., p. 17.

11 自 1418 年波焦·布拉乔利尼 (Poggio Bracciolini) 将现已失传的《物性论》手稿寄给尼科利,与卢克莱修伊壁鸠鲁主义的比较便成为人文主义和文艺复兴思想研究的重要因素。新柏拉图主义也是如此。菲奇诺将卢克莱修的 "快乐和自由" 理解为 "神圣的快乐" [早在其《卢克莱修评注》(*Commentariola in Lucretium*) 和《论快乐》(*De voluptate*) 中就有所体现]。卢克莱修的思想理论也与柏拉图主义及基督教神学之间的 "和谐" 定义有关,例如,关于世界的非永恒性或非神性 (这些思想在古代的辩护学中已有所体现)。在布鲁诺的思想中,卢克莱修的地位,包括其 "文风" 将起到更加重要的作用。参见 H. Jones, *The Epicurean Tradition*, London-New York 1989 ; V. Prosperi, *«Di soavi licor gli orli del vaso». La fortuna di Lucrezio dall'Umanesimo alla Controriforma*, Torino 2004。

12 这在《论家庭》中几乎反复出现:"既然每个人的生活 …… 都是艰苦和劳累的","没有什么 …… 比活着更累",必须 "用手和脚,用所有的神经,用勤奋和思想" 来面对它。

13 关于《席间谈话》,参见 F. Bacchelli e L. D'Ascia (a cura di), *«Delusione» e «Invenzione» nelle Intercenali di Leon Battista Alberti*, Bologna 2003,其中的导论内容广泛、非常重要。

14 从这一方面来看,在布鲁诺之前,达·芬奇的哲学绘画已经表达了最根本的观点:身体,由于其强大的组织,是一种神圣之物。它是伟大的奇迹,而灵魂只不过是从属于它的、受其驱使的存在。这是瓦莱里在其著作中关于达·芬奇的重要论述主题 (in *Œuvres*, vol. I, Paris 1957, pp. 1153–1269):对达·芬奇而言,"死亡被解读为灵魂的灾难",试问:如果一个人没有手和眼睛,如何能成为一个哲学家?

15 参见 L. B. Alberti, *I libri della famiglia*, in *Opere volgari* cit., p. 183。

16 从但丁思想的形式和价值研究开始,人文主义象征性、哲学性和科学性的主题都围绕着透视视角展开。参见重要的作品集: A. Parronchi, *Studi sulla dolce prospettiva*, Milano 1964,附录中包含了保罗·达尔·波佐·托斯卡内利的《论透视》(*Della prospettiva*)。

17　参见彼特拉克的文集 *Lettere dell'inquietudine*, a cura di L. Chines, Roma 2004。

18　Curtius, *Letteratura europea* cit., p. 419.

19　"天赋异禀"是卡尔海因茨·斯蒂尔对彼特拉克的描述，参见 K. Stierle, *Francesco Petrarca*, München 2003，其中将彼特拉克与但丁对比（将但丁的"升天"与彼特拉克的"徘徊和思索"对比）突出了后者的"现代性"。对时代转折点的认识和对想象其最终结果所感到的煎熬无力，是彼特拉克作品的特点，参见 U. Dotti, *Petrarca e la scoperta della coscienza moderna*, Milano 1978。

20　参见 G. M. Anselmi, *L'immaginario e la ragione. Letteratura italiana e modernità*, Roma 2017, pp. 105 sgg。

21　"可是，我们却注定 / 得不到休憩的地方"，参见 F. Hölderlin, *Canto del destino di Iperione*, in ID., *Le liriche*, Milano 1993。

22　参见 Vasoli, *La dialettica e la retorica dell'Umanesimo* cit., cap. I: «*Antichi*» contro «*moderni*»。

23　这些论述在菲奇诺的作品中都有所体现，切萨雷·瓦索利在许多文章中对此进行了研究，特别是这一部作品：*Filosofia e religione nella cultura del Rinascimento*, Napoli 1988, parte I。为理解"思想家"彼特拉克并非"因循守旧之人"，需要认识到他的思想中已经有了库萨的尼古拉的"有学问的无知"的萌芽，见 G. Santinello, *Nicolò Cusano e Petrarca*, in ID., *Studi sull'umanesimo europeo*, Padova 1969; G. Cuozzo, *Mystice videre*, Torino 2002, cap. III。

24　所有关于阿尔伯蒂的象征的文献都在这部作品（包括其中收录的我的一篇文章）中被提及和探讨：A. G. Cassani, *L'occhio alato. Migrazioni di un simbolo*, Torino 2014。关于眼睛的一般象征意义，见 W. Deonna, *Le symbolism de l'oeil*, Paris 1965。亦参见 U. Curi, *La forza dello sguardo*, Torino 2004。

25　安东尼奥·乌尔西奥的作品是理解人文主义"笑"的内涵的重要参考，亦可参见埃齐奥·雷蒙迪的短篇经典作品：E. Raimondi, *Codro e l'Umanesimo a Bologna*, Bologna 1950（新版附有安德里亚·埃米利亚尼的导言，1987）；参见他的另一作品 *Il mio incontro con Codro*, in A. Urceo Codro, *Sermones I-IV*, a cura di L. Chines e A. Severi, Roma 2013（这部作品可能是他的绝笔）。在博洛尼亚，从菲利波·贝拉尔多（Filippo Beroaldo）的教学开始，柏拉图主义逐渐为人所知、走向成熟，它是讽刺的、厌世的，与佛罗伦萨的柏拉图主义关系极其密切，可以一直追溯到伊拉斯谟的《箴言录》（*Adagia*）中的思想（详见 A. Severi, *Filippo Beroaldo il Vecchio, un maestro per l'Europa*, Bologna 2015）。

26 C. Raimondi, *Defensio Epicuri*, a cura di M. C. Davies, in «Rinascimento», XXVII (1987), p. 136.

27 我们怎能忘记《阿伦德尔手稿》中那段可怕的文字呢？"……在欲望的驱使下，我隐约看到了人造自然中各种奇形怪状的巨大仿制品。我来到了一个大洞穴的入口处，我站在它面前，在阴暗的岩石间怔怔地望着它。我对此感到非常惊讶，同时也一无所知。我把我的脊背弯成弧形，把疲惫的手垂放在膝盖上，用我的右手把我低垂紧闭的眼睛大，偏来倒去，想一看究竟，却始终望不尽这巨大的黑暗。我站在那里，恐惧和欲望这两种完全相反的情绪随即涌上心头。我害怕黑暗，但是又渴望一探究竟。"

28 G. Guida, *Arte e natura in Machiavelli e Leonardo*, in F. Meroi (a cura di), *Con l'ali de l'intelletto. Studi di filosofia e di storia della cultura*, Firenze 2005, p. 28.

第五章

1 D. Cantimori, *Umanesimo e religione nel Rinascimento*, Torino 1975, p. 156.

2 关于这一人物的变形，见 A. Scuderi, *Il paradosso di Proteo*, Roma 2012。

3 亨利·德·吕巴克（Henri de Lubac）的文本（*Pic de la Mirandole. Études et discussions*, Paris 1974）中处处显露着博学和智慧，他指出哲学的和平植根于教父哲学和中世纪哲学的传统，以及卡西尔解释的局限性，同时，他似乎并不重视随之而来的"尚未成熟"的不安，这一点在《论人的尊严》和《九百则论题》中也略有体现。

4 Clemente Alessandrino, *Stromata*, I, 2. 然而，克莱门特认为，耶路撒冷和雅典之所以能够和解，不过是因为后者为前者指明了新方向。而菲奇诺认为，虽然每一种宗教、每一种虔诚哲学都只能在基督那里获得最终的真实，古代神学几乎具有基督启示的作用。皮科的论述与上述观点截然不同且非常激进：基督教启示录的意义是不能被理解的，除非它作为"和谐"的组成要素，其基础是人类灵魂的使命，即发现和说明。奥利金对佛罗伦萨新柏拉图主义也有着深刻的影响：菲奇诺对造物主的"爱的狂喜"（*amor ekstaticus*）的思想（造物主根据设定的规则塑造了宇宙中最完美、最充满活力的动物）源于奥利金，这一点可能在奥利金的《〈雅歌〉注疏》（*Il Commento al Cantico dei Cantici*）中有所体现；菲奇诺在《柏拉图的神学》中提到了奥利金，并表现出了对他的崇敬，将其与亚略巴古的狄奥尼修斯比肩。参见论文集：A. Fürst e Ch. Hengstermann (a cura di), *Origenes Humanista*, Münster 2015。

5 J. Hankins, *Plato in the Italian Renaissance*, Leiden-New York 1990.

6 达维德·摩纳哥（Davide Monaco）围绕库萨的《论信仰的和平》（*De pace fidei*）一书做了大量研究工作。参见达维德·摩纳哥和露西亚·帕帕拉多的文章，载于 M. Coppola, G. Fernicola e L. Pappalardo (a cura di), *Dialogus. Il dialogo filosofico*，分别位于 pp. 415–28 和 pp. 457–96。

7 在皮科身上也可以看到阿威罗神秘主义的影响。参见 B. Nardi, *La mistica averroistica e Pico della Mirandola*, in ID., *Saggi sull'aristotelismo padovano dal secolo XIV al XVI*, Firenze 1958。

8 关于皮科与卡巴拉的关系，相关学者现已经从各个宗教、象征和艺术层面对其进行了透彻且精彩的哲学和语文学分析，参见 G. Busi e R. Ebgi, *Giovanni Pico della Mirandola*, Torino 2014; G. Busi, *Who does not wonder of this Chamaleon? The Kabbalistic Library of Giovanni Pico della Mirandola*, in ID. (a cura di), *Hebrew to Latin / Latin to Hebrew. The Mirroring of Two Cultures in the Age of Humanism*, Torino 2006。亦可参见 C. Wirszubski, *Pico della Mirandola's Encounter with Jewish Mysticism*, Cambridge (Mass.) 1989，这一著作也非常重要。关于这一时期的"神秘主义哲学"，参见 F. A. Yates, *The Occult Philosophy in the Elizabethan Age*, London-Boston 1979。除此之外，还可参见 F. Lelli (a cura di), *Giovanni Pico e la Cabbalà*, Firenze 2014 中收集的重要文章。

9 关于我对这幅著名的铜版画的解释，详见我的论文 *Melencholia I, Un simbolo*, in «Schifanoia», 2015。亦可参见 E. Filippi, *Inesauribile Melencolia*, Venezia 2018。

10 参见 M. J. B. Allen, *Synoptic Art. Marsilio Ficino on the History of Platonic Interpretation*, Firenze 1998。

11 P. C. Bori, *Pluralità delle vie. Alle origini del Discorso sulla dignità umana di Pico della Mirandola*, Milano 2000.

12 E. Zolla, *Il sincretismo e un suo esempio*, in ID., *Uscite dal mondo*, Milano 1992. 皮科 的调和主义在哲学上不能与安德烈亚·阿尔恰托（Andrea Alciato）的 《徽志集》（*Emblematum liber*）所开创的符号语言学的"教条式冷漠主义" 相混淆。关于这一点，特别是关于阿喀琉斯·博奇（Achille Bocchi）的 形象，参见 A. Angelini, *Simboli e questioni*, Bologna 2003。

13 这一主题过于宽泛，在此无法进行充分的讨论；这是我研究的核心， 例如我的作品《哲学迷宫》（*Labirinto filosofico*）。从新柏拉图式 – 普罗 克洛式的思想出发（G. Santinello, *Saggi sull'«Umanesimo» di Proclo*, Bologna 1966），库萨运用了逻辑与数学的方法，将其作为灵魂上升至上帝的、 唯一可能的、真实的象征性表达；亦可参见 K.-H. Volkmann-Schluck, *Nicolaus Cusanus. Die Philosophie im Übergang vom Mittelalter zur Neuzeit*, Frankfurt am Main 1957。

14 "菲奇诺故意抛开了各个学派关于宗教仪式的讨论，以坚持内心的认 知……" E. Garin, *Il problema dell'anima e dell'immortalità nella cultura del Quattrocento in Italia*, in ID., *La cultura filosofica del Rinascimento italiano* cit., p. 93.

15 M. Ficino, *Lettere,* a cura di S. Gentile, Firenze 1990, vol. I, pp. 35–36.

16 C. Vasoli, *Ficino e il De christiana religione*, in ID., *Filosofia e religione nella cultura del Rinascimento* cit.

17 菲奇诺认为，"魔法和爱情之间被假定为直接关系，事实上，整个宇 宙被看作单一的爱情和单一的魔法力量的成果，它将世界上所有的实 体结合在一起"，引述摘自 C. Vasoli, *Il De amore e l'itinerario della deificatio*, in ID., *Filosofia e religione nella cultura del Rinascimento* cit., p. 107。关于菲奇诺的 魔法，参见 D. P. Walker, *Spiritual and Demonic Magic. From Ficino to Campanella*, London 1958, parte I。

18 当然，围绕着"在冲突中构建和谐"的思想，库萨和人文主义在某 些方面的关系更加显而易见。参见纪念乔瓦尼·桑蒂内罗（Giovanni Santinello）的重要研究文集：G. Piaia (a cura di), *Concordia discors*, Padova 1993。

19 在此，我需要提到自己的文章《"一"的悲剧》（*Il dramma dell'Uno*），是为 《论本体与太一》［由拉斐尔·埃布吉（Raffaello Ebgi）和佛朗哥·巴 凯利（Franco Bacchelli）主编，附有马可·贝尔托齐（Marco Bertozzi）

的一篇文章，米兰，2010］撰写的后记。另见 C. Vasoli, *L'Uno-Bene nel Commento del Ficino alla Mystica Theologia dello Pseudo-Dionigi*, in ID., *Ficino, Savonarola, Machiavelli* cit.。

20 C. Vasoli, *Platone allo Studio fiorentino-pisano*, in L. Simonutti (a cura di), *Forme del neoplatonismo*, Firenze 2007.

21 关于这一象征性作品的历史背景与图解，参见 F. Cardini, *La cavalcata d'Oriente. I magi di Benozzo a Palazzo Medici*, Roma 1991; D. Kent, *Cosimo de' Medici and the Florentine Renaissance*, New Haven 2000。

22 自弗朗索瓦·马赛（François Masai）备受瞩目的初创性研究（*Pléthon et le platonisme de Mistra*, Paris 1956）开始［加林曾在《中世纪柏拉图主义研究》（*Studi sul platonismo medievale*）中对此发表评论］，关于拜占庭"异端"中重要人物的研究分析变得更为精细。我认为，莫雷诺·内里（Moreno Neri）一部内容丰富的专著的序言极为重要，见 *Trattato delle virtú*, Milano 2010。另见 M. Bertozzi, *Giorgio Gemisto Pletone e il mito del paganesimo antico*, in ID., *Il detective melanconico* cit.。

23 卜列东、特拉布宗的乔治和贝萨里翁之间关于柏拉图和亚里士多德的完整争论，对于理解佛罗伦萨新柏拉图主义的后续发展也很重要，詹姆斯·汉金斯（James Hankins）在《意大利文艺复兴时期关于柏拉图的重新发现》（*La riscoperta di Platone nel Rinascimento*）中对此展开了相关论述，特别是书中第三章的内容。

24 参见 M. Ficino, *Opera omnia*, Basilea 1576, p. 965。

25 显然，这些论述丝毫没有动摇柏拉图主义显著的"异教特征"。见 E. Wind, *Pagan Mysteries in the Renaissance*, London 1958。

26 M. Ficino, *Opera* cit., p. 1537.

27 *Ibid.*, pp. 871–87.

28 参见奥内拉·蓬佩奥·法拉科维（Ornella Pompeo Faracovi）主编的文集：M. Ficino, *Scritti sull'astrologia*, Milano 1999; M. Ficino, *L'astrologia nella cultura dell'Occidente*, Venezia 1996。欧金尼奥·加林的全部研究都集中于赫耳墨斯主义和新柏拉图主义中有关占星术辩论的研究，参见 *Magia ed astrologia nella cultura del Rinascimento*, in ID., *Medioevo e Rinascimento* cit., 以及 *Lo zodiaco della vita. La polemica sull'astrologia dal Trecento al Cinquecento*, Roma-Bari

1976。另见：Vasoli, *I miti e gli astri* cit., parte I，以及 P. Zambelli, *L'ambigua natura della magia*, Venezia 1996, in particolare la parte I: *L'utopia magica del Rinascimento*。图利奥·格雷戈里（Tulio Gregory）已明确解释了如何跟上时代思潮、不落入科学主义偏见，以及在面对此类问题时的正确方法，参见 *Considerazioni per una storia del pensiero scientifico altomedievale*, in «Studi medievali», VII (2018)。费拉拉城一直是人文主义者展开占星学辩论的中心，见 E. Garin, *Motivi della cultura filosofica ferrarese nel Rinascimento*, in ID., *La cultura filosofica* cit.; C. Vasoli, *La cultura delle corti*, Bologna 1980; M. Bertozzi, *La tirannia degli astri*, Livorno 1999。

29 M. Ficino, *Opera* cit., p. 958.

30 参见菲奇诺的《生命三书》；关于《生命三书》，参见 C. Vasoli, *Un «medico» per i «sapienti»: Ficino e i Libri de Vita*, in ID., *Tra «maestri», umanisti e teologi*, Firenze 1991。

31 参见 M. Ficino, *Opera* cit., p. 973。

32 *Apologia pro multis florentiniis ab Antichristo Hieronymo ferrariense hypocritarum summo deceptis* [trad. it. in Ebgi (a cura di), *Umanisti italiani* cit., pp. 527–31].

33 R. Nanni, *Le Disputationes pichiane sull'astrologia e Leonardo*, in F. Frosini (a cura di), *Leonardo e Pico*, Firenze 2005. 关于《驳星相学》的重要文献可以查阅 2004 年米兰多拉会议记录（Atti del Convegno mirandoliano）: M. Bertozzi (a cura di), *Nello specchio del cielo*, Firenze 2008。

34 A. Ingegno, *Filosofia e religione nel Cinquecento italiano*, Firenze 1977, p. 37 中阐释得十分分明确："矛盾的是，对宗教信仰最危险的攻击，不是对人类知识、特性和潜力的赞美……而是让理性沦落到人类层面，认为理性从一开始就注定要在经济创造中扮演特定角色，沦为供人使用的工具。"

35 在两部专门讨论"世界和谐"的经典著作中 [阿瑟·奥肯·洛夫乔伊（Arthur Oncken Lovejoy）的《存在之链》（ *La grande catena dell'essere* ）和列奥·斯皮策（Leo Spitzer）的《世界的和谐》（ *L'armonia del mondo* ）]，甚至都没有提到皮科和菲奇诺，这表明人文主义思想的"成功"是有局限的。

36 我认为马丁·路德与人文主义的关系非常复杂，远远超出了他与伊拉斯谟关系的复杂程度，这一问题尚待解决。即使在最近发表的重要作品中（ A. Prosperi, *Lutero*, Milano 2017; S. Nitti, *Lutero*, Roma 2017），这个问题仍然悬而未决。

37 切萨雷·瓦索利对此进行了进一步研究，参见 C. Vasoli, *Profezia e astrologia in uno scritto di Annio da Viterbo*, in ID., *I miti e gli astri* cit.。

38 参见布鲁诺的作品 *Physis, Alma Venus*，其中并没有笛卡儿、斯宾诺莎式的"除圣"，但还是要从他的阐释中去掉一切神话占星图像。正如只有通过《驳星相学》才能了解宇宙的神性观念，而不是直接通过菲奇诺赫耳墨斯主义化的新柏拉图主义来了解。

39 关于布鲁诺与卡巴拉的关系问题，K. S. De Léon-Jones, *Giordano Bruno and the Kabbalah*, Yale 1997 中的论述也许过于客观，依我之见，法布里齐奥·梅罗伊在 M. Ciliberto (a cura di), *Giordano Bruno. Parole, concetti, immagini*, 2 voll., Pisa 2014 中对"卡巴拉"一词有明确阐释。亦可参见 F. Meroi, *Cabala parva. La filosofia di Giordano Bruno tra tradizione cristiana e pensiero moderno*, Roma 2006。总体而言，关于十六世纪的柏拉图主义、赫耳墨斯主义和卡巴拉的研究，除弗朗西丝·耶茨（Frances Yates）和弗朗索瓦·塞克雷（François Secret, *Les kabbalistes chrétiens de la Renaissance*, Paris 1964）的经典作品外，还包括 C. Vasoli, *Ermetismo e Cabala nel tardo Rinascimento e nel primo Seicento*, in F. Troncarelli (a cura di), *La Città dei segreti*, Milano 1985。

40 布鲁诺的"阴影"概念是米凯莱·奇利伯托研究的重点，在其作品 *La ruota del tempo. Interpretazione di Giordano Bruno*, Roma 1986 中早已有所体现。在我所写《哲学迷宫》一书中我也从理论上对这一主题再次展开了讨论。

41 关于安布罗焦·洛伦泽蒂（Ambrogio Lorenzetti）所作壁画的象征意义，见 P. Boucheron, *Conjurer la peur, Sienne 1338*, Paris 2013; H. Hofmann, *Bilder des Friedens oder die vergessene Gerechtigkeit*, München 1997。另见 Skinner, *Le origini* cit.，该书用较大的篇幅对这幅画作了阐释，并详细描绘了象征锡耶纳城邦的老者。需要注意到的是，在安布罗焦描绘的二十四位立法委员中，依照传统，包含了但丁的形象，这足以证明但丁在锡耶纳社会中的重要地位，尤其是在反佛罗伦萨的政治意义上。在此，还可参见我的一篇短文：*Il senso dell'ethos negli affreschi del Palazzo Pubblico di Siena*, Siena 2014。

人名译名对照表

Abelardo, Pietro / 皮埃尔·阿伯拉尔

Abū Ma'shar, Gia'far ibn Muḥammad al-Balkhī / 阿布·马夏尔，贾法尔·伊本·穆罕默德·巴尔赫

Acciaiuoli, Donato / 多纳托·阿恰约利

Agli, Pellegrino / 佩莱格里诺·阿利

Agostino, Aurelio, vescovo di Ippona, santo / 奥勒留·奥古斯丁，希波主教，圣人

Agostino di Duccio / 阿戈斯蒂诺·迪·杜乔

Alano di Lilla / 阿兰·德·力勒

Alberti, Leon Battista / 莱昂·巴蒂斯塔·阿尔伯蒂

Alessandro di Afrodisia / 亚历山大·迪·阿佛洛狄西亚

Aristotele di Stagira / 亚里士多德·迪·斯塔吉拉

Averroè (Abū al-Walīd Muḥammad ibn Aḥmad Ibn Rushd) / 阿威罗伊（伊本·路世德）

Barbaro, Ermolao, detto il Giovane / 小埃尔莫罗·巴尔巴罗

Barth, Karl / 卡尔·巴特

Bernardo Silvestre / 伯尔纳多·西尔韦斯特雷

Bessarione / 贝萨里翁

Billanovich, Giuseppe / 朱塞佩·比兰诺维奇

Boccaccio, Giovanni / 乔瓦尼·薄伽丘

Böckh, August / 奥古斯特·伯克

Bodin, Jean / 让·博丹

Boezio, Anicio Manlio Torquato Severino / 提乌·曼利厄斯·塞维林·波爱修

Bosch, Hieronymus / 耶罗尼米斯·博斯

Botticelli, Sandro Filipepi detto il / 波提切利，本名桑德罗·菲力佩皮

Bramante, Donato / 多纳托·布拉曼特

Brunelleschi, Filippo / 菲利波·布鲁内莱斯基

Bruni, Leonardo / 莱奥纳尔多·布鲁尼

Bruno, Giordano / 焦尔达诺·布鲁诺

Burckhardt, Jacob / 雅各布·伯克哈特

Burdach, Konrad / 康拉德·布尔达赫

Campanella, Tommaso / 托马斯·坎帕内拉

Cassirer, Ernst / 恩斯特·卡西尔

Cicerone, Marco Tullio / 马尔科·图利奥·奇切罗内（西塞罗）

Clemente Alessandrino / 克莱门特·亚历山德里诺

Codro, Antonio Cortesi Urceo, detto / 科德鲁，本名安东尼奥·科尔泰西·乌尔赛奥

Cortese, Paolo / 保罗·科尔泰塞

Curtius, Ernst Robert / 恩斯特·罗伯特·库尔提乌斯

Cusano, Niccolò / 尼科洛·库萨诺（库萨的尼古拉）

Damascio / 大马士革乌斯

Dante, Alighieri / 但丁·阿利吉耶里

Democrito / 德谟克里特

Dilthey, Wilhelm / 威廉·狄尔泰

Dionigi Areopagita / 亚略巴古的狄奥尼修斯

Dionisotti, Carlo / 卡洛·迪奥尼索蒂

Donatello, Donato Bardi detto / 多纳泰罗，本名多纳托·巴尔迪

Dürer, Albrecht / 阿尔布雷特·丢勒

Epicuro / 伊壁鸠鲁

Eraclito / 赫拉克利特

Erasmo da Rotterdam / 伊拉斯谟·达·鹿特丹

Ermete Trismegisto / 赫耳墨斯·特里斯墨吉斯忒斯

Esiodo / 赫西俄德

Euripide / 欧里庇得斯

Feuerbach, Ludwig Andreas / 路德维希·安德列斯·费尔巴哈

Ficino, Marsilio / 马尔西里奥·菲奇诺

Fulgenzio, Fabio Planciade, detto il Mitografo / 法比奥·普兰西亚德·富尔根齐奥，神话作者

Garin, Eugenio / 欧金尼奥·加林

Gemisto Pletone, Giorgio / 乔治·格弥斯托士·卜列东

Gentile, Giovanni / 乔瓦尼·秦梯利

George, Stefan / 斯特凡·乔治

Giamblico / 杨布利柯

Giorgione (Giorgio da Castelfranco) / 乔尔乔涅（乔治·达·卡斯泰尔佛兰科）

Giotto di Bondone / 乔托·迪·邦多纳

Giovanni di Salisbury / 约翰·迪·索尔兹伯里

Giuliano, Flavio Claudio, imperatore romano (360—363), detto l'Apostata / 弗拉维奥·克劳迪奥·朱利亚诺，罗马皇帝（360—363），被称为"叛教者"

Goethe, Johann Wolfgang von / 约翰·沃尔夫冈·冯·歌德

Gozzoli, Benozzo / 贝诺佐·戈佐利

Grossatesta, Roberto / 罗伯特·格罗塞特斯特

Guicciardini, Francesco / 弗朗切斯科·圭契阿迪尼

Hamann, Johann Georg / 约翰·格奥尔格·哈曼

Hegel, Georg Wilhelm Friedrich / 格奥尔格·威廉·弗里德里希·黑格尔

Heidegger, Martin / 马丁·海德格尔

Herder, Johann Gottfried / 约翰·戈特弗里德·赫尔德

Humboldt, Karl Wilhelm von / 威廉·冯·洪堡

Jaeger, Werner / 维尔纳·耶格尔

Juvalta, Erminio / 埃尔米尼奥·朱瓦塔

Keplero, Giovanni (Johannes Kepler) / 乔瓦尼·开普勒（约翰内斯·开普勒）

Kristeller, Paul Oskar / 保罗·奥斯卡·克里斯特勒

Landino, Cristoforo / 克里斯托福罗·兰迪诺

Leibniz, Gottfried Wilhelm von / 戈特弗里德·威廉·冯·莱布尼茨

Leonardo da Vinci / 列奥纳多·达·芬奇

Leopardi, Giacomo / 贾科莫·莱奥帕尔迪

Lessing, Gotthold Ephraïm / 戈特霍尔德·埃弗拉伊姆·莱辛

Lorenzetti, Ambrogio / 安布罗焦·洛伦泽蒂

Lucrezio Caro, Tito / 蒂托·卢克雷齐奥·卡罗（提图斯·卢克莱修·卡鲁斯）

Lutero, Martino / 马丁·路德

Machiavelli, Niccolò / 尼科洛·马基雅维利

Macrobio / 马克罗比奥（马克罗比乌斯）

Manetti, Giannozzo / 詹诺佐·马内蒂

Mann, Thomas / 托马斯·曼

Marziano Capella, Minneo Felice / 马尔齐亚诺·明内奥·费利切·卡佩拉

Masaccio, Tommaso di Ser Giovanni Cassai, detto / 马萨乔，本名托马索·迪·瑟·乔瓦尼·卡萨伊

Medici, Lorenzo de', detto il Magnifico / 洛伦佐·德·美第奇，绰号"豪华者"

Michelangelo, Buonarroti / 博纳罗蒂·米开朗琪罗

Montaigne, Michel Eyquem de / 米歇尔·德·蒙田

Niccoli, Niccolò / 尼科洛·尼科利

Nietzsche, Friedrich Wilhelm / 弗里德里希·威廉·尼采

Omero / 荷马

Onorio di Autun (Onorio Augustodunense) / 奥诺里奥·迪·欧坦（奥古斯托杜努姆的奥诺里奥）

Orfeo / 俄耳甫斯

Origene / 奥利金

Pacioli, Luca / 卢卡·帕乔利

Palmieri, Matteo / 马泰奥·帕尔米耶里

Pannonio, Giovanni / 乔瓦尼·潘诺尼奥

Paolo, apostolo, santo / 保罗，使徒，圣人

Pasquali, Giorgio / 乔治·帕斯夸利

Patrizi, Francesco / 弗朗切斯科·帕特里齐

Petrarca, Francesco / 弗朗切斯科·彼特拉克

Piccolomini, Enea Silvio (papa Pio II) / 埃内亚·西尔维奥·皮科洛米尼（教宗庇护二世）

Pico della Mirandola, Giovanni / 乔瓦尼·皮科·德拉·米兰多拉

Piero della Francesca / 皮耶罗·德拉·弗朗切斯卡

Pindaro / 品达

Pisano, Giovanni / 乔瓦尼·皮萨诺

Pitagora di Samo / 皮塔戈拉·迪·萨莫（萨摩斯的毕达哥拉斯）

Platone / 柏拉图

Plauto, Tito Maccio / 蒂托·马乔·普劳托

图书在版编目（CIP）数据

思想涌动：人文主义的哲学思考 /〔意〕马西莫·卡恰里著；张羽扬，张谊译. —上海：上海三联书店，2023.7
ISBN 978-7-5426-8105-8

Ⅰ. ①思… Ⅱ. ①马… ②张… ③张… Ⅲ. ①人道主义 – 研究 Ⅳ. ① B82-061

中国国家版本馆 CIP 数据核字（2023）第 073123 号

思想涌动：人文主义的哲学思考

著　　者／〔意〕马西莫·卡恰里

译　　者／张羽扬　张　谊

责任编辑／王　建

特约编辑／徐　静

装帧设计／鹏飞艺术

监　　制／姚　军

出版发行／上海三联书店

　　　　　　（200030）中国上海市漕溪北路331号A座6楼

邮购电话／021-22895540

印　　刷／北京天恒嘉业印刷有限公司

版　　次／2023 年 7 月第 1 版

印　　次／2023 年 7 月第 1 次印刷

开　　本／787×1092　1/32

字　　数／86 千字

印　　张／6

ISBN 978-7-5426-8105-8/B·842

定　价：39.80元